你可以穷，
但不能认输

乐道　著

吉林文史出版社
JILIN WENSHI CHUBANSHE

图书在版编目（CIP）数据

你可以穷，但不能认输 / 乐道著. -- 长春 : 吉林
文史出版社, 2019.2

ISBN 978-7-5472-5864-4

Ⅰ.①你… Ⅱ.①乐… Ⅲ.①成功心理－通俗读物
Ⅳ.①B848.4-49

中国版本图书馆CIP数据核字(2019)第021961号

你可以穷，但不能认输

出 版 人　孙建军
著　者　乐 道
责任编辑　弭 兰 杨 卓
封面设计　韩立强
出版发行　吉林文史出版社有限责任公司
地　址　长春市福祉大路出版集团A座
网　址　www.jlws.com.cn
印　刷　北京楠萍印刷有限公司
版　次　2019年2月第1版　2019年2月第1次印刷
开　本　880mm×1230mm　　1/32
字　数　140千
印　张　8
书　号　ISBN 978-7-5472-5864-4
定　价　38.00元

前　言

　　现实生活中，不少人总是感叹时运不济，觉得命运对自己不公平，为什么别人可以顺风顺水，而自己明明已经付出了很多努力，却依然过不上想要的生活，甚至穷困潦倒，一生碌碌无为。的确，这世界是不公平的，不公平在出身、外貌等你所看得到的地方；也不公平在智力、天赋等你看不到的地方。

　　然而，一个有手有脚的人为什么会陷入贫穷，除了先天无法克服的因素，以及无法改变的现实之外，关键在于你不曾为改变贫穷的命运努力过。

　　你想要成为怎样的人，就要付出相应的努力。你可以贫穷，可以困顿，可以低微，但这些都不是人生停滞不前的借口，而应该成为奋发向上的理由。与其等明天留下悔恨的泪水，不如挥洒汗水拼搏今日的荣耀。越是贫穷，越要奋斗！别人有的，自己用努力换来；别人没有的，自己用行动争取。

　　然而，大多数人生活的悖论却是——抱怨自己的出身，抱怨生活的不公，抱怨怀才不遇，却从来不抱怨自己的不努力。不甘心接受现实，却又不去改变；不甘愿逆来顺受，却又不去拼搏。还没有好好反抗一下，就已经举手投降了，最后的结果只能是郁郁寡欢，带着无限哀怨继续困顿下去。

　　所以，与其抱怨外界的种种不如意，不妨多从自己身上找找原因。

　　人，最是不可自弃。你应该拿出点骨气与自尊出来，无论处境多么糟糕，告诉自己："我的人生依旧有无限可能，我不会一直穷下去。"哪怕事情已经陷入谷底，看起来没有一线生机，只要你不放弃，不认输，就会有柳暗花明的时候。即便在"输"的状态里，只要保持"赢"的信念，就一定能一点点赢回来。

一个年轻的东欧人，为了实现父亲向一个乐队要签名的愿望，千里迢迢来到美国。当他在终点下机时，却被拦了下来。原来他的国家发生了政变，导致他的护照和身份证件全部失效，同时他的签证也无法再使用了。他不能坐飞机离开，也不能踏出机场大门。没有办法，他被扣在了机场，等待新证件的办理。

身处异地他乡，举目无亲，他不禁感到迷茫。无奈之下，他只能睡在大厅的椅子上，在卫生间里洗澡。机场主管刁难他、清洁工挤兑他，就连路过的乘客也嘲笑他……他的处境简直不能更糟了。但这个年轻人并没有怨天尤人，也没有心灰意冷，他开始为乘客服务赚取小费，为清洁工帮忙打扫卫生，给机场里的装修队当帮工……

在机场的9个月里，他完全靠自己养活自己，而且将这个狭小的空间过成了一个巨大的丰富的世界，自得其乐。最终，他不但好好地生存了下来，还赢得了机场所有人的尊重。更令人意想不到的是，一位美丽的空姐爱上了他。最终，他在这个机场里邂逅了属于他的幸福。

这个故事源自汤姆·汉克斯主演的电影《幸福终点站》。主人公维克多用自己的行为向众人讲述了一个道理——世上没有绝望的处境，只有对处境绝望的人。如果你不想坐以待毙，如果你想改变当前境遇，就应该不断地改变自己生活的小环境，努力地为自己的生活去创造条件。

命运也是欺软怕硬，你不认输，就不会输。人可以穷，但是要穷得有骨气，穷得有志气。生活从不亏待真正努力的人，我们虽然无法左右一件事情的成败，但我们能够选择倾尽全力去努力。美好总会有的，只要你不认输，你就有机会，终有一天，你必将通过自己的努力奋斗走出困境。

当你因现实的艰辛止步不前时，当你失去了拼搏的动力时，当你迷失在梦想的道路上时……请翻开这本书——《你可以穷，但不能认输》，它将带给你直面困苦的信心，激发你激流勇进的动力，释放你的热情与坚韧，引导你走出人生的迷雾，一步步走向充满阳光、希望、美好的未来。

未来需要你自己奋斗，前途也只有你能做主。不想认命，就去拼命！付出总会有收获，或大或小，或迟或早，命运永远不会辜负你的努力！

任何时候开始努力都不晚，送给所有相信努力出奇迹的人。

目　　录

PART 1 / 一个人没资格挑三拣四时，努力最重要

　　不得志的人往往喜欢抱怨，怨天、怨地、怨他人、怨命运。结果，越来越消极，最终一事无成。抱怨无用，不如改变。自己的人生自己创造，想要的，不管是什么，都要努力一把，去争取最好的结果。相信，你的生活定会有所改观，好运也会随之而来！

握住了手，你就握住了命运

都说人的命天注定，但事实真的如此吗？确实，虽然命运会给你安排很多条路，但选择权还是在你手里，所以才有"尽人事，听天命"的说法。如果你将一切都交给命运，那么你只是命运手中的"玩偶"，若是你将命运掌控在自己的手里，你就能够选择出最上等的那条路线。

什么是最成功的人生呢？这个概念虽然过于抽象，但唯有一点是必须坚信不疑的，那就是，成功的人生并不在于你获得了多少东西，也不在于你一定要做得比谁更好，而在于你必须要做好自己，体现出自己的人生价值。而这恰恰是一个人对人生的最高追求。

一只大猫看到一只小猫在追逐自己的尾巴，于是问道："你为什么要追逐自己的尾巴呢？"

小猫回答说："我知道，对一只猫来说，最好的东西便是幸福，而幸福就是我的尾巴。因此，我要追逐我的尾巴，一旦我追逐到了它，我就会拥有幸福。"

"傻孩子，"大猫说，"在年轻的时候，我也曾经认为幸福就在尾巴上，但后来我发现，无论我什么时候去追逐——它总是逃离我，于是我放弃了。结果呢？当我着手做自己的事情时，才发觉无论我去哪里，它都会跟在我后面。"

我们的命运有时就像是猫的尾巴，上天安排它长在我们身后，至于怎样对待，就在我们自己了。人生需要拼搏，但有时也需要顺其自然，就像追逐尾巴的猫咪那样，让幸福自然跟在自己身后。

有时，你觉得现在做得不够好，认为自己与成功还有千里之遥；或许，你觉得现在做得很好，但是自己还想做得更好。不管自己现在也好，还是超越自己也好，成功的标准不高也不低，它只需要你做好自己就行。

的确，戏剧小人生，人生大舞台。每个人，都是人生舞台上的演员；每个人，都是在人生舞台上扮演自己的演员。无论你是光彩照人的大人物，还是默默无闻的小人物，这些都不是重要的，重要的是你要演好自己。只要你做好了自己，那么你的人生就不是天注定，而是你自己决定。

莉莎今年只有8岁，她非常热爱表演。有一天，学校要排演一个大型话剧——《圣诞前夜》。莉莎觉得自己的机会就要来了。在爸爸妈妈的鼓励下，莉莎走进了面试的地点。她原本以为，自己会演主角，然而令她没想到的是，自己只是扮演一只小狗。回到家，莉莎无比失望，连晚饭也不想吃。

妈妈看到莉莎的样子，心里也很难受，便和她聊天："莉莎，你得到了一个角色，不是吗？"莉莎红着眼："妈妈，你别安慰我了，我只能演条狗，只是汪汪叫！"妈妈看着她，严肃地说："你为什么会有这种想法？其实，你不要看不起这个角色，你完全可以用主演的心态去演戏。你只有投入进去，才能够演好，即使角色是一只狗，你也可以成为主演。只要拥有主演的心态，你就是主演。"莉莎听了妈妈的话，一个人对着镜子喃喃自语："对啊，其实我需要的是一个上台的机会，而不是一定要当主角！莉莎，哦不，那只小狗狗，我不该看不起你的，毕竟你就是我。"

从这以后，莉莎再没抱怨过什么，全身心地投入到排练之中。很快圣诞节到来了，尽管莉莎不是主角，可是她用心的表演，赢得了所有人的掌声。甚至，她的风采已经盖过了主角，所有人都被她精彩的演技折服了。那个夜晚，几乎所有的人都记住了那只汪汪叫的"小狗"，莉莎激动得热泪盈眶。

虽然扮演的只是一只汪汪叫的小狗，但是莉莎用心地表演，赢得了所有人的掌声。生活中，如果我们有着莉莎那样的觉悟，懂得通过自己的努力去演好自己的角色，那么你就会发现，即便只是他人的配角，你也能演出主角的风范，过上精彩的人生。

其实成功不一定要看你拥有了多少财富、权力，而看你是否能够驾驭住自己的人生。真正的人生赢家，不一定有房屋千万，但一定有着幸福的生活。

有这样一对夫妻，他们靠着辛苦打拼，买了别墅，由于房贷，每天压力巨大，早出晚归。而他们家的保姆呢？等主人上班时，没有事情可做时，她每天做得最多的事情就是带着家里的狗在公园里遛弯，唱歌。

渐渐地，附近的人们都开始谈论这位保姆："那个保姆啊，可了不起了，歌唱得那么好，什么时候和她好好谈谈，把她招到我公司去，好好培养培养。"另一位接口道："可不是，有那么好的嗓子，做保姆可惜了，赶明儿找人培养培养她，进歌剧团肯定没什么问题。"

能获得人们如此高的赞叹，你能说这位保姆不是个非常成功的人吗？尽管她没有钱，没有别墅，也没有一份所谓的"好工作"，但她不计较，努力做自己，最后赢得了这么多"成功人士"暗地里的赞叹，这实在不得不让人羡慕。

卡耐基曾经说过一段耐人寻味的话："发现你自己，你就是你。记住，地球上没有和你一样的人……在这个世界上，你是一种独特的存在。你只能以自己的方式歌唱，只能以自己的方式绘画。不论好坏与否，你只能耕耘自己的小园地；不论好坏与否，你只能在生命的乐章中奏出自己的音符。"

　　我们每个人每天奔波在繁华的都市中，所追求的应当是自我价值的实现以及自我珍惜。所以，我们不该为自己是他人眼中的主角就扬扬得意；也不要为别人轰轰烈烈的人生而无地自容；更不要为自己的平平常常而妄自菲薄。做好自己人生的主角，你便扼住了命运的咽喉，掌控了自己的人生。

人生是一场静悄悄的储蓄

我们身边总有人这样感叹："好好的一个机会就这样白白地错过了。"当听到这种感叹的时候，人们无不感到惋惜。机会何其珍贵！有时我们等待的不过是临门一脚，机会稍纵即逝，一闪而过，没有把握住就只能悔恨叹息了。

不过，这并不是让我们最遗憾的事，最让我们感到惋惜的是机会来临了，我们也完全可以抓住，但是却没有做好后续的准备。眼看着东风已到，很多该做的准备没有做完，只能看着机会白白溜走。以往稍纵即逝的机会就像慢镜头一样在自己的眼前晃过，却无力抓住，这才是最让人无法接受的。

哈佛大学的校训这样写道："时刻准备着，当机会来临时你就成功了。"如果总想着等待机会，却忘了在等待的过程中做好准备，那么当机会真正来的时候就会打我们一个措手不及，整体的步调都乱了，更谈不上成功。这也正是大部分人不能成功的原因。

纵观那些成功人士，你或许要感叹他们的幸运，机会来临时能一把抓住，然后就跃上了人生巅峰。但事实上，在这个机会到来之前，他们已经积蓄着了很久的力量，等待着最后的临门一脚。

人生是一场静悄悄的储蓄，机会只会留给那些有准备的人。对于那些懒惰者来说，再好的机遇，也不会降临到他的头上，他们总是和机会擦肩而过；再大的机会，也只能让他们感到无奈和无所适从，因为他们没有能力去把握机会；只有那些坚持不懈的努力者，那些兢兢业业、精益求精的工作者，他们的运气迟早会到来，他们的事业迟早会成功。人不是靠偶尔撞在木桩上的兔子不劳而获的。通常我们所说的命运的转折点，也许就是因为一个意想不到的机会才实现的。

继苏联和美国之后，中国是第三个成功实现载人航天飞行的国家。古老的国家实现了航天的梦想，这是一件划时代的大事，而有机会成为中国第一个踏上太空的人，也必将成为国家的英雄，他就是杨利伟。

航天员的选拔是非常严格的，是从成百上千的战斗机飞行员中精挑细选出来的。杨利伟本身是空军的一名优秀的歼击机飞行员。1996年的初夏，他接到通知，参加航天员初选体检，没想到从小怀着飞天梦想的自己会飞得那么遥远，飞向了遥远的太空。

杨利伟特别希望能走进航天员这支队伍。为了加入这支队伍，杨利伟经历了近乎"苛刻"的考验。航天生理功能检查，被人们形象地称为"特检"。几个月下来，886名初选入围者已所剩无几。在神舟五号飞船发射准备阶段，经专家组无记名投票，杨利伟以其优秀的训练成绩和综合素质，被选入"3人首飞梯队"，并被确定为首席人选。

从那时起，杨利伟全身心地投入了"强化训练"。"飞船模拟器"成了杨利伟的"家"。后来在记者采访他时，他很自信地说："现在我一闭上眼睛，座舱里所有仪表、电门的位置都能想得清清楚楚；操作时要求看的操作手册，我都能背诵下来，如果遇到特殊情况，我不看手册，也完全能处理好。"

正因为杨利伟对飞船飞行轨迹和操作程序烂熟于心，在后来21小时23分钟的航天过程中，他的全部操作没有出现一次失误。

促使一个人走向成功的，除了他的个性及个人能力，更重要的是无时无刻都在准备抓住机会的决心。杨利伟抓住了这次千载难逢的机会，经过艰苦的训练和严格的考验，他终于从候选人里脱颖而出，成为了中国航天第一人。

麦克阿瑟将军说过："召集军队上战场的军号声对于军人来说，就是一种机会。但是，这嘹亮的军号声，绝不会使军人勇敢起来，也不会帮助他们赢得战争，机会还得靠他们自己来把握。"

对于机会的把握，一方面要学会厚积薄发，在机会来临之前，坚守着自己的信念，为目标踏踏实实地努力，不断充实自己、完善自己，做好充分的准备，随时迎接机会的到来；另一方面，机会的把握还需要一定的魄力和耐心，大的机会往往不是一朝一夕就能实现的，没有真正的雄心壮志和持之以恒的精神，再大再好的机会也会半途而废。

第二次工业革命是人类进步的一次转折点，很多新科学、新技术层出不穷，人们需要越来越多的能源来提高动力。当时有一种新兴能源——石油，还没有引起人们的足够重视。

这时候谁能发现机会并把握机会，就能成为那个时代的幸运儿。约翰·洛克菲勒以他超强的洞察力，发现这是一个不可多得的机会，如果马上行动，将来一定会大有可为的。

洛克菲勒立即找到一个合伙人，塞缪尔·安德鲁，洛克菲勒曾经的同事。这个人是一个维修工，他非常聪明，而且技术水平非常高，他发明了一种新型炼油加工方法，用这种方法可以提炼出优质的石油，并且成本控制得非常低。

由于他们生产的石油质优价廉，在市场上非常具有竞争力，生意做得越来越好，没用多长时间，洛克菲勒就淘到了第一桶金。此时的洛克菲勒已经打开了通往成功与财富的大门，他满怀信心地向目标前进，就在这时，他的合作者塞缪尔·安德鲁已经满足了目前的一点点成绩，逐渐失去了开拓的雄心，从心底滋生出的惰性使他不想进一步改进石油的冶炼工艺，他变得贪图享乐，终于有一天，他向洛克菲勒表示，希望终止合作关系。

作为给合伙人的补偿，洛克菲勒毫不犹豫地给了他100万美元。他走了，拿着钱去奢侈地度日，不思进取地挥霍了。而洛克菲勒立即找到一位新的合伙人，他们很快就将石油冶炼工艺升级换代，逐渐把一个小小的冶炼厂，打造成一个世界级的超级公司——美孚石油公司。

同样的机会摆在洛克菲勒和第一个合伙人的面前，他们都有可能在那样一个伟大的时代做出一番伟大的事业来，如此看来，机会对每个人都是公平的。然而对于同样的机会，他们二人的理解却完全不同，付诸实践的行动力度也不尽相同，因此，第一位合伙人错过了机会，洛克菲勒抓住了机会，如此看来，机会好像又是不公平的。

我们每天脚踏实地地工作，从每一次进步中总结经验，从每一次失败中总结教训，为的就是实现人生的理想，实现终极目标。一旦机会出现了，那么以往的积累也就有了用武之地，抓住机会就是我们唯一的选择。

当我们的积累和经验达到一定程度的时候，机会往往不请自来，这时候成功就是一件顺理成章的事情，就算机会没有及时赶到，那么凭借我们积累的那些智慧，也足以支撑我们去寻找机会，把握机会，实现自己的终极目标。

所以，不要一味抱怨机会不光顾，或是它来得不是时候，多充实自己，你才能从贫穷的状态中脱离出来。要知道，机会是留给那些有准备的人的，踏踏实实走好每一步，慢慢积蓄自身的力量，等待下一次机会的光顾吧。

世界不公平，公平世界靠你去创造

　　每一个人都期盼着公平，但是绝对的公平是不存在的。遭遇生活的不公平时，很多人无法适应，整日怨天尤人，活在忧愤之中，这或许能够逃避一时，但也就等于被生活击垮了，主动放弃了成功的可能。

　　试想，如果你大学毕业后被分配在基层工作，你整天愤愤不平，敷衍地对待工作，你会有升职的机会吗？恐怕不能，因为老板会认为你连最简单的事情都做不好，根本不会有责任心和能力去做更高级的工作。

　　得到上天眷顾的人只是少数，而我们很可能是大多数中的一部分。既然这样，我们何必对那些不公平的人或事耿耿于怀呢？正确的方法是温和宽容、平心静气，以忍灭嗔，不被不公平所困扰，并且更好地适应生活的不公，创造公平，正如比尔·盖茨所说："生活是不公平的，你要去适应它。"

　　蔡琰来自西安山区的一个贫穷农村，专科毕业后为了谋生他来到西安一家大型企业做保安。最初，这个小保安感到很沮丧，因为在很多人心中保安是和"素质低下""没有文化"这些词相关的。曾有同学想给他介绍女朋友，对方"啊"地叫了一声"什么？一个保安？"连要求外来人员出示证件这种例行工作，他也会碰钉子，"哎呀，你不就是个保安吗，还查什么证件呀！"

　　这些经历让蔡琰感觉自己不被尊重，他一度眼红，心里很不服气："命运为什么这么不公平？凭什么那些白领们可以坐在干净优雅的办公室里，而我却要在风雨里站岗？"不过，他很快就调整了自己的心态，决定努力缩小自己与这些人的差距。于是他利用所有的闲暇时间来充实自己，休息的时候攻读英语、经济管理、社会心理等课程。由于什么都是从头学起，蔡琰学得很拼命，就算是坐火车回老家时他也拿着书在看。有时，看到周围的队友业余时间在看电视、打篮球，他也心里痒痒的，但一想起别人说的"你不就是个保安吗？"他就会咬牙坚持学下去。

就这样，"潜伏"了近三年，蔡琰通过成人高考考上了西安师范学院的经管系，他一边工作，一边学习。通过几年的认真学习和实践锻炼，他的个人能力得到了提高，并以全班第一的优秀成绩毕业。一毕业，他就被一家大型企业录用了，月薪比做保安工作时的翻了好几倍，他现在已经是一名真正的白领了。

这个世界如此不公，为什么我们还要对自己不公平？对现实抱怨的人往往已经在心里认同了这个现实，知道环境是无法扭转的，既然如此，你为什么不改变自己，给自己一个公平？若是你都没有勇气接受自己，你又怎么可能有勇气和别人比拼？

出身贫困，没有学历、没有关系，蔡琰面临了太多的不公平，但是他凭着勤奋与坚持，取得了令人羡慕的成绩。不要在公不公平上多做计较，放弃抱怨和愤怒，接受不公平的现实，及时做一些更有价值的事情，把力用在发展能量、提高自己上面，那么早晚有一天生活会给我们公平的回报。

面对生活的不公平，每个人因自身的修养、意志、胸怀、境界的不同，会有不同的态度，做出不同的反应。正是这种不同，造就了一个人和另一个人，一些人和另一些人的不同人生。换句话讲，一个人的未来和成长，主要取决的不是他如何面对公平，而是在不公平的环境中有怎样的表现。

有这样一种人——他们早已知道，生活中没有绝对的公平。当不公平出现的时候，他们不会愤怒，不会抱怨，也不会惊慌失措，而是把它当作人生必修之课去应对，必做之题去演算。无论生活是公平的还是不公平的，他们都能够温和宽容地对待，以忍灭嗔，坚持让自己公平。

莎士比亚在很小的时候有机会接触到剧团演出，他好奇一个小小的舞台竟能演出一幕幕变幻无穷的戏剧来，便暗下决心：要终身从事戏剧事业，当个戏剧家。但是，当时英国的戏剧工作是一个高级的职业，活跃着一批受过高等教育、而且在戏剧方面有突出成绩的"大学佳人"职业剧作家，他们垄断了剧坛，根本不许普通人插入。

为了更加接近戏剧事业，莎士比亚主动到戏院做马夫，专门等候在戏院门口伺候看戏的绅士。待表演开始后，他就从门缝或小洞里窥看戏台上的演出，边看边细心琢磨剧情和角色。回到家后，他时常模仿台上的人物和戏剧情节，有声有色地演戏，他还经常翻看文学、历史等方面的书籍，自修希腊文和拉丁文，掌握了许多戏剧知识。

终于，莎士比亚等到了一个上台表演的机会。有一次，剧团需要临时演员，莎士比亚"近水楼台先得月"，临时补位。由于出色的理解力和精湛的演技，他的表演得到了大家的肯定，不久就被剧团吸收为正式演员。之后，莎士比亚大量阅读各类书籍，了解了各国的历史和人民不幸的命运。27岁那年，他写了历史剧《亨利六世》三部曲，正式进入了伦敦戏剧界。1595年，他又写了《罗密欧与朱丽叶》，剧本上演后，莎士比亚名霸伦敦，成为英国戏剧界大师级人物。

面对周围不尽如人意的环境，莎士比亚并没有整天抱怨人生的不公平，而是从戏剧界最底层的马夫做起，努力学习戏剧知识，最终将现实中不满意的成分降到了最低限度，成为了一名闻名海内外的戏剧家。

认同这个世界的不公平，接受处于下风的自己，你才可能真正地改变。若是连正视自己的勇气都没有，你又怎么有胆量去拼搏？失败的人往往输在勇气上，认为自己不行，却又没有胆量去承认，所以当别人否定自己的时候，一味地辩驳，却没有什么实际作为。既然已经如此，就应该适应当下的环境，看清自己，然后才有机会去改变自己的处境。

普希金有一首短诗《假如生活欺骗了你》："假如生活欺骗了你，不要忧郁，不要愤慨；不公平时，暂且忍耐。相信吧，快乐的日子将会到来。"不要奢望自己成为上帝的宠儿，假如生活给了你诸多不愿接受的现实，那么请接受普希金的忠告吧，不要忧郁，也不要愤慨，努力去做，相信快乐的日子总会到来。

真正的强者从来不会抱怨

任何人走在人生路上都会遇到困境，不同的人在困境面前有着不同的态度，这也就决定谁是强者，谁是弱者。

一天枭碰见鸠，鸠说："你将去哪里啊？"

枭说："我将往东迁移。"

鸠问："为什么？"

枭答："这里的人都讨厌我的叫声，所以我才往东走。"

鸠说："你能改变你的叫声吗？可以而你不愿意改变，你就东迁；如果不可以，你能肯定东边的人就不会厌恶你的声音吗？"

枭在面对人们都讨厌它的叫声的困境时，选择了向东迁移，其实这就等于懦弱地选择了逃避。而最终无论枭迁徙到哪里，也都无法摆脱人们讨厌它叫声的窘局，因为它在为自己找借口，推脱责任。

当人们陷于某种困境时，周围的一切似乎都与自己为敌，这个时候，若是像枭一样躲避，是解决不了任何问题的。反正也没有什么可以失去的，还不如努力想想怎样扭转现状更实在。强者和弱者的分别正是在此。一个有勇气直面现实的人才算是勇者，才会成为强者；一个只会躲避的人永远都无法超越自己，更得不到理想中的成功。

哈佛大学的学生基本上都听说过这样一个定律——"跨栏定理"。这个定理是由一位著名的外科医生提出来的，说的是，横在你面前的栏越高，你跳得也就越高。按照跨栏定律的观点，一个人的成就往往取决于它所遇到的困难的程度。这位名叫阿费列德的外科医生在解剖尸体时发现一个奇怪的现象：那些患病器官并不如人们想象的那样糟；相反，在与疾病的抗争中，为了抵御病变，他们往往要比正常的器官机能更强。

真正的勇士，敢于直面淋漓的鲜血和惨淡的人生。著名的数学家华罗庚曾说过："只有在逆境中挣扎过、奋争过的人才可以说无愧于人生。"如果遇见困境就退缩，就去找借口推脱责任，那么困境何时才能解决呢？

哈佛心理学家告诉我们：敢于直面困境的勇者，靠的不仅仅是一身蛮气，更多的是一种在实践中积累出的大智慧。具体问题具体分析，不要把责任推到别人身上，要自己拯救自己。我们不仅要有直面困难的胆魄，还必须要从困难中汲取经验和教训，踏着失败的肩膀，在困难中前进。

上帝对每个人都是公平的，小时候，福勒家境不好，但是他却有一个伟大的妈妈。一天，妈妈对小福勒说："福勒，我们不应该贫穷。我不愿听到你说，我们的贫穷是上帝的意愿。我们的贫穷不是由于上帝的缘故，而是因为你的父亲从来就没有过致富的愿望。我们的家庭中任何人都没有产生过出人头地的想法。"

妈妈的一席话让福勒受益匪浅，可以说改变了他的一生，让他彻底摆脱了家庭贫穷的阴影，走向了一条成功之路。

妈妈告诉他，不是因为上帝没有眷顾他们，而是因为福勒的父亲从来就没有致富的想法。于是，"我要致富"的念头深深地植根于他的内心，从此以后，他不再抱怨上帝，他觉得是自己没有努力。他许下"我要致富"的心愿，并为了这个坚定的信念，他开始了艰辛又坎坷的追梦之路。

一开始，为了吸取经商和致富更多的经验，福勒在零售百货店里当了3年推销员，从小伙计开始做起。在此期间，他不断地去调查和了解市场，看看哪些商品最畅销，消费者习惯买什么样的商品，在调查的过程中，他还结识了很多顾客。就这样，通过慢慢的积累，他开始决定自己创业，并把肥皂作为经营产品。

另一段旅程又要开始，福勒拿着肥皂挨家挨户地进行推销。其间吃了不少"闭门羹"，也受到很多的谩骂和讽刺，但是在困难面前，他仍然没有退缩，遇见问题就想着怎么解决，没有抱怨，也不找借口。就这样，转眼间十几年过去了，家里的生活一天天改善，但他却没有想停止的打算，他想获得更大的成功。

功夫不负有心人，一次，福勒听说有一个供应肥皂的公司想要出售，他们的出价是15万美元。在这么多年的推销生涯中，他才攒了25000美元，可是他非常想买下这个公司。资金不够怎么办？而且还差很多，他想了一下："也许凭借自己这么多年推销中认识的客户和朋友，向他们借点应该可以，况且自己又赢得了不少客户的信任和赞赏。"于是，他开始行动起来，他亲自上门向这些肥皂商求取贷款，同时靠自己的朋友支援。几天时间里，他筹集了10万美元，还差2万多美元就可以达到目标了，此时他心急如焚，实在想不出什么办法了。

望着窗外的夜景，福勒沉默了。最后的2万怎么办？他看着看着，有点惊奇了。透过窗子，可以看到一束光，那里正是61号大街一幢大楼的一间办公室。他想这个人一定还在办公，要不然找他借这2万块钱，没时间考虑了，他立即起身去那间办公室了。

他径直走向办公室，敲门之后才发现这是一个承包商事务所，里面有一位疲乏不堪的人在工作。福勒勇敢地向那人介绍自己的来意，然后直截了当地问道："你想赚1000美元吗？"令他惊喜的是，双方很快达成了协议。

福勒兴奋极了，他终于按时拿到收购肥皂公司的合约了。很快，在他的经营下，公司迅速壮大。而后，福勒一鼓作气收购了7家公司，包括4个化妆品公司、一个袜子公司、一个标签公司和一个报社，拥有了股份和控制权。最后，母亲的希望和福勒的梦想都变成了现实！

就像福勒说过的那样："我们是贫穷的，但这并不是因为上帝，而是我的父亲从来没有产生过致富的愿望。在我们的家庭中，从来没有一个人想到要出人头地。"每个不凡的人一定有着常人难以达到的坚强和勇敢，不管你面前是怎样的困境，你都应该拼搏，不管怎样，结果总不会比现在的境遇更差。

每个人的成功道路上都要面临很多复杂的问题，无论是在困境中还是在逆境中，学会找到解决问题的方法才是最重要的。

雅典奥运会上，女排决赛给全世界的人们留下了极为深刻的印象。中国女排在连输两局的不利条件下，并没有被困难和失败吓倒，也没有把责任推卸给别人，而是在教练组的带领下，重新调整部署，迅速调整状态，研究出了破敌的对策。最差的结果不过是输，不努力这个结果是注定的，反抗的话说不定还有扭转局面的可能，若是每个人都抱着这样的想法，那么每个人都能成为披荆斩棘的勇者！最终，中国女排凭借顽强的毅力，奇迹般地连扳三局，逆转战胜俄罗斯，再次登上冠军领奖台。

与其生气，不如争气

如今，愤怒已经成为很多人生活的常态，每个人的身上仿佛都背着一个炸药桶，一不留神就会引爆。有人将这归结于生活节奏的加快和身上背负的压力过大。事实上，缺乏一种平心静气的态度是造成这一现象的重要原因。

有经验的船工知道，看似平静的水面往往需要格外小心，因为在下面蕴藏着巨大的力量；而那些看起来波浪翻滚的水面其实是最安全的，这就是平静所产生的力量。人也一样，想要成就一番大事业，就要学会化解心中的怒气，在心平气和中慢慢积攒力量，这点必不可少。

有一位年轻人，在他每次生气和别人起争执的时候，他就会以很快的速度跑回家去，绕着自己的房子和土地跑上三圈。这样一来，他与其他人争执的次数慢慢越来越少。后来，这个年轻人逐渐变得十分富有，自家的房子和土地也变得越来越多。但是，他始终有一个习惯，那就是不管自己多么富有，只要与人争执生气，他就会绕着自己的房子和土地跑上三圈，不会与人生气。

许多年过去了，当初能够绕着房子和土地跑三圈的人已经不再年轻。当他心情不好或者与人争执的时候，他还是一如既往地绕着房子和土地走上三圈。孙子在他的身边恳求他："爷爷，你都这么大年纪了，附近已经没有人的房子比你大、土地比你多了，为什么你还要这样做呢？"

当初生龙活虎的年轻人现在已经白发苍苍，他笑着对孙子说出了隐藏在心中多年的秘密："当年我年轻的时候，每次我生气、郁闷，就绕着房、地跑三圈，我一边跑一边想，现在我的房子这么小，土地也这么少，我哪有时间、哪有资格去跟人家生气呢？一想到这里，气就消了，我就把自己所有的精力都用在了工作上。现在，当我心情不好的时候，我依然一边走一边想，我的房子这么大、土地这么多，我又何必跟人计较？这样，我的心又平静下来。我认为浪费时间去沮丧是完全徒劳的，所以每一天都过得很快乐。"

这就是生活中的智慧，用平静来取代争执，选用合适的调节方式让自己安静，之后会产生意想不到的能量。执着于争执，在很大程度上就限定了自己的思维空间。在争执中失败，会加重自己的沮丧情绪，让人产生挫败的感觉；即便是与人争执成功，也会浪费大量的时间和精力，最终得不偿失。

愚蠢的人只会生气，聪明的人懂得去争取。别一味地生气，要学着争气改变。

一位著名演讲家被邀请到一所大学去担任大学生演讲比赛的评委。所有的参赛选手在经过抽签确定演讲顺序和演讲主题后，第一位选手表情很不满地走向了讲台。当观众和评委正准备听他演讲的时候，他走上讲台说："同学们，尊敬的评委，这是一场不公平的比赛！我领到这张纸以后，只有几分钟的准备时间，而在我后面的人则有更为充裕的时间准备，这是不公平的！"

这位选手说完便走下了讲台，但是他的离开并没有影响到这次比赛的顺利进行。在这场比赛中，有人获得了荣誉，有人锻炼了自己。

比赛结束后，演讲家找到那个因为生气而拒绝比赛的男孩，对他说："你不要因为觉得不公平而生气愤怒，你想过没有，第一个演讲往往最能吸引评委的注意，而预留的时间少则是锻炼自己思维和语言组织能力的绝好机会。"

听了演讲家的话，男孩羞愧地低下了头，他意识到了自己的冲动与无知。

在生活中，总会出现一些不如意的状况，这些情况有时候会让人抓狂，让人愤怒，也会让人忍不住与他人进行争执。但是愤怒、争执又有什么用呢？如果自己只是一块平淡无奇的生铁，抱怨、争执都是徒劳，因为自己的价值还没有被认可。只有把自己淬炼成精钢以后，你才不会遭受不公正的待遇，你自然就不会愤恨不满了。

靠自己，人生才不会输

传奇商人王永庆曾经说过："先天环境的好坏，并不足奇，成功的关键在于一己之努力。"俗语也说："靠山山会倒，靠人人会跑，只有自己最可靠。"最好的人生，就在你自己的掌握中。人活着，最重要的是寻找一片属于自己的世界，这个世界，是别人给不了你的，唯有自己争取。

别人给不了我们光辉的人生，命运同样也给不了，它或是给你一个好的出身，或是一个成功的机会，但最终的结果，还是要靠自己来拼搏的。

我们的一生总会面临很多选择，许多选择让我们迷失了双眼。你希望得到的东西，似乎总是遥不可及；而你想要逃避的，却总是如影随形地跟在身边。当面对生活中的种种不如意时，你会希望命运或是别人能来救你，但现实不是小说，更不是电影，没有那么多的救世主，如果真要找，只有一个，那就是你自己。

一个墨西哥女人和丈夫、孩子一起到了美国，当一家人来到得州边界艾尔巴索城的时候，这个女人的丈夫离开了她们，不知所踪。一直依附在丈夫这棵大树下的女人，变得束手无策，而两个嗷嗷待哺的孩子又使她不得不重新面对生活。

在经过最初的茫然之后，女人最终依靠自己打拼出了一番事业。虽然当时她只有几块钱，但是她还是毅然决然买了一张火车票前往加州。在加州，她找到了一份在餐馆中当服务员的工作。每天她都要从半夜工作到早上6点钟，却只能赚到可怜的几块钱。虽然钱很少，但是女人省吃俭用，努力积攒着财富。

几年之后，这个女人想用攒钱开一家墨西哥小吃店，专卖墨西哥肉饼。但是当时她的积蓄非常有限，还不能靠自己的力量满足愿望，因此，她拿着自己仅有的一笔钱，来到银行向经理申请贷款。她对银行的经理说："我想买下一间小房子，经营墨西哥小吃，如果你肯贷款给我，那么我的愿望就能够实现。"一个看起来普普通通的外地女人，没有财产抵押，没有担保人，就连她自己也不知道自己会不会成功。可是当时那位银行家却被她的勇气所折服，决定冒险资助。

25岁这一年，女人终于经营起了属于自己的墨西哥肉饼店。15年之后，这间小吃店变成了全美最大的墨西哥食品批发店。

这个女人就是大名鼎鼎的拉梦娜·巴努宜洛斯。

梦娜·巴努宜洛斯作为一个弱女子，又面对无依无靠的悲惨境地，依然能通过自身的努力为自己赢得成功，值得所有人钦佩。其实，对于任何人来讲都是如此，你如果想要让自己赢得成功和尊重的话，就必须依靠自己的力量去奋斗。

命运曾经给过你的一切都是不可扭转的，你能改变的就只有自己的未来。与其咒骂命运，乞求上天，不如相信自己，用豁出一切的勇气来走出一条不凡的人生路。

我们都知道，太阳花具有超强的生命力，即使把它掐断再种到另一个地方，它也能活下去，而且温度越高，生长得越快。而菟丝花虽然妖娆多姿，但总需要缠绕到别的植物上面，一旦离开了依附的树枝，它便失去了生存的空间。

不难理解，那些不管是事业还是家庭能够赢得成功的人之所以成功，是因为他们从来不依附于他人，在别人说他不具备条件时，也绝不放弃，相信只有行动才能把人生引向成功，即使有点犹豫，也绝不后退。相较之下，那些被划为弱者族群的人往往缺乏独立意识，他们不想凭借自己的力量去获得人生的发展，因此也就注定了他们只能成为自然界中的菟丝花，当依附不在，自己也就颓然倒地了。

命运不会给你安排那么多的依靠，唯一靠得住的就只有自己。自己的命运应该由自己掌握，再糟糕的结果也仅仅是人生的低谷。

永不消退的热情，让你永远生机勃勃

在现实生活中，很多人对自己的生活非常不满意，感叹自己命不好，失业、生病、股票大跌等等倒霉的阴影如影随形。在公司里遇不见伯乐，自己这匹千里马只能困在槽头，于是，感叹自己生不逢时，处处发泄不满，得不到施展自己才华的机会；在情场上失意，就认为天下真爱难寻，对爱情丧失信心……

其实，生活就像在谈一场恋爱，你对它失去了热情，那么它就会疑神疑鬼，很难回报给你成功。

热情是一种主动，如果对生活冷眼旁观，那么你的存在便如行尸走肉般。生活给了你一切，但结果需要你自己去创造，过程需要你自己去感受。如果麻木地生活，那么你会无限次地重复每一天，直到你对生活感到倦怠，感到现实无力改变，最终只会自怨自艾，抱怨生活不幸。

对于这种人而言，成功是根本不可能做到的事情，因为在他们眼中，命运在前生就已经注定了，自己只是命运的木偶，不管怎样努力，结果都不会改变。有了这样的想法，生活就不可能有突破，因为在他们眼中一切都是生计需要，日子是"混"出来的。

随遇而安的淡定固然重要，但积极向上的热情也必不可少。不论做什么事，只有心中充满了热情，才有可能为之付出100%的努力，才可能赢得美好的前程。

在一个明媚的下午，美国作家威莱·菲尔普斯去逛纽约的第五大道，他突然想起自己需要买一双袜子，至于买一双什么样式的袜子，作家觉得那是无所谓的事情。他看到第一家袜子店，就走了进去，接待他的是一个年纪不到17岁的少年店员，这名店员迎面向他走来，询问到："先生，您要什么？"

威莱·菲尔普斯说："我想买双短袜。"

令作家没有想到的是，这位少年眼睛闪着光芒，话语里含着激情："您知道吗？你现在所在的地方，是这个世界上最好的袜子店。您一定会挑选到适合自己的袜子。"

作家一愣，他没有想到一个卖袜子的人会有如此的激情，他仅仅是需要一双短袜罢了，走进这家商店纯粹就是一种偶然。

只见那少年小心翼翼地从一个个货架上取下许多只盒子，然后把里面的袜子都展示给作家看，让他欣赏。作家感到非常不可思议，他对这个小伙子说："等等，我只买一双！"

那年轻人则回答说："这我知道，我想让您看看这些袜子有多美，多漂亮，真是好看极了！"

作家发现，在介绍袜子的时候，少年的脸上洋溢着庄严和神圣的狂喜，像是一个把自己最钟爱的东西拿出来给别人看一样。作家立刻升起了对这个少年的兴趣，把买袜子的事情抛于脑后。作家略微犹豫了一下，然后对那个少年说："我的朋友，如果你能一直保持这样的热情，如果这份热情不只是因为你感到惊奇，或因为得到了一个新的工作，如果你能天天如此，把这种热心和激情保持下去，不到十年，你就会成为美国的短袜大王。"

威莱·菲尔普斯为什么会断定那个少年一定会有所成就？就是因为他从少年身上看到了一种生活的热情。这个少年虽然做着非常平凡的工作，但是他没有自弃，依然充满着对生活的热爱，这样的人最终都会赢得人生。

不爱自己的生活，厌弃自己的工作，这样并不能让你摆脱现状，只会让你沉溺在一种无法摆脱的消极情绪中，让你对一切都失去信心，产生怀疑。对于生活的热情是我们每个人都应该拥有的，但是在日复一日的平淡日子里，热情被逐渐或迅速地消耗、磨损、消解、抵消。失去了热情的我们，变得疲惫不堪、无可奈何、垂头丧气、气急败坏，再难有平心静气的时候，也难有信步从容的时候。

人的热情是怎么失去的？我们可以举一个简单的例子来说明这一点：

在一只猴子面前摆上一些食物，但是却用一层玻璃将猴子和食物隔开，一开始，猴子会非常急切地想要得到这些食物，但是当做出百般努力都无功而返之后，猴子便对这些食物失去了兴趣，即便是将玻璃拿开，猴子也不会再为得到食物而努力了，因为希望总是破灭，所以猴子失去了对食物的热情。

对于我们人来讲，我们同样有自己的期望，恐怕没有谁满意自己的状况。可是，所谓的满意，不就是一个悬浮的数字与符号吗？它总是在我们的前方，我们不断地前行，它不断地后退。当然，我们如果停滞不前，它会退得更快。

然而，生活中有太多的焦虑，年龄的、身体的、情感的，等等。只要有思想、有追求、有比较，就会有焦虑。急剧扩张的城市中，焦虑也以极度夸张的方式扩展着，延伸着。只要是认真地活着，焦虑就如影随形。我们所能做的，是努力让焦虑成为动力而非压力。

遭遇挫败，难免会情绪低落，但是你千万记住，不能让自己的低落情绪肆意蔓延。即便是你现在没有明确的解救之道，也要始终保有对生活的热情；热情虽然不是解决问题的手段，但是能让你打起精神来面对问题。

现状是我们无法改变的，但心态是我们有能力控制的。选择和生活保持一定的距离，不要沉溺其中，你才能够始终保持着一份热情生活着，但是不能完全被世俗左右，即便是我们不能完全拒绝功利，那么，至少在某些时候，在一些事情上，非功利地思考与行动；如果注定摆脱不了庸俗，那么，至少在庸俗过后，对庸俗有那么一些批判的态度，对非庸俗有一点哪怕是偶尔想想而已的憧憬。

　　生活不是一件容易的事，已经如此不容易，那么，为什么不能快乐一些？快乐作为一种心情，势必受到客观环境与条件的挤压，这时就需要反作用力，这种力量源于我们内在的修养和坚强。始终保持对生活的热情，就是保持我们的自信、勇猛、毅力，保持我们对纯粹与彻底的向往。

一无所有才无所不能，一切刚刚开始

我们降生的那一刻是一张白纸，只等日后我们为它填充不同的色彩，赋予它不一样的内容。有人或许在想，有些人出生的时候有着强大的背景，自己在起跑的时候就已经落后了，哪怕是现在的自己，也是一无所有，是不是注定了输的结局？若是有这样怯懦的想法，你将永远追不上对方的脚步。

其实，一无所有也是一种财富，它让人产生改变命运的激情；一无所有也是一种资本，让我们拥有了无牵挂、轻装上阵的心态。当环境把你逼到了一无所有的境地，不要怕，这是一种"恩宠"，实际上就相当于给了你一把挖掘宝藏的锄头。

一位大师让三个徒弟上山砍柴，临出门前，给大徒弟带上了一把伞，以防天气有变；给二徒弟了一根拐杖，告诉他山路不好走时可能用的上；而最小的徒弟却什么也没有得到。小徒弟不免伤心噘嘴，小声嘀咕说："我最小，本该受到最多的照顾，可师父却这样对我……"

大师早就看出了小徒弟的心思，却含笑不语，只让三个徒弟赶紧上路。

傍晚时分，三个徒弟纷纷归来，都背回了两大捆柴，但大徒弟却被中午开始下的雨淋得浑身湿透，二徒弟跌得满身是伤，唯独小徒弟安然无恙。

大师把三个人叫到了一起，三人见面后对彼此的结局都感到非常诧异，不禁说出了各自的情况。拿伞的大徒弟说："当天空开始飘起零星小雨时，我因为有伞，就大胆地在雨中走，可当雨下大的时候，我却没有地方躲，也腾不出手来撑伞了，所以被淋得湿透了。但当我走在泥泞坎坷的路上时，我知道自己手里没有拐杖，所以走得非常仔细，专挑平稳的地方走，竟没摔一个跟头。"

接着，带着拐杖的二徒弟说："当大雨来临的时候，我知道自己没带伞，所以尽量拣着那些能躲雨的地方走，身上自然也就没有怎么被淋湿。但是，我正因为自己带了拐杖，所以当走到沟沟坎坎的地方时，便毫不在意，没想到竟常常跌跤。"

这时候，小徒弟似乎明白了师父的用意，有些激动地说："我知道你们为什么拿伞的被淋湿了，带拐杖的跌伤了，而我却安然无恙的原因了！当大雨来时我躲着走，路不好走的地方我便格外小心，所以我既没淋湿也没有跌伤。"

大师仍然像刚出发时一样，慈爱地看着小徒弟，又转向大徒弟和二徒弟，对他们说："你们的失误就在于，你们有了自认为可以依靠的优势，便少了忧患。"

许多时候，我们并不是跌倒在自己缺乏的弱项上，而是在自以为有优势、绝不会出任何问题的地方。往往，弱项和缺陷能让人保持足够的警醒，而优势则容易让人忘乎所以。在困境之中，大多数人都会下意识地千方百计寻找救命稻草。然而，心理上的依赖情结越是严重，做起事来就越会马虎。更严重的是，也许困难最终得到了解决，可我们自己却没有学会任何面对困难、解决问题的经验，从而在依赖中错失了一次有助于成长的好机会。可以说，拥有的东西越多，顾虑越大，相反，若一无所有，反倒什么都能豁得出去了。

拥有的东西越多，开创新的事业时需要放弃的东西就越多，不少人就难以割舍，从而空欢喜一场。

记者在以色列采访时，从外交官到商贸工部官员、再到成功的企业家，都众口一词地认为："我们成功的秘密，真的就在于我们一无所有。"

从经济社会发展的自然条件来看，以色列真的可谓是"一无所有"：国土面积小，土地资源质量也不高。他们没有邻国引以为豪的石油，有的却是占国土面积一半以上的沙漠和半沙漠地区。可是，贫瘠的自然资源让以色列人更加重视发挥人才的作用。他们把科技作为立国之本，注重科研成果在经济社会发展中的转化，在各个领域都体现出高科技含量和精细化经营。比如，以色列严重缺水，但他们的节水灌溉和旱作农业技术因此而举世闻名；废水复用、人工降雨、海水淡化等非传统水资源的开发利用也相当成功；在水资源管理的很多具体细节上，都做到了世界最好的水准。

在我国也有不少地方资源稀缺、信息闭塞，用传统的眼光来看，可谓"一无所有"。但如果能像以色列一样，充分发挥我们的智慧和能动性，把"一无所有"变成自身发展的优势，同样会推动经济社会的健康发展。比如浙江温州人多地少，缺少自然资源，但温州人却创造了以加工制造业和民营经济为特色的温州模式，成为全国民营经济发展的楷模。

从辩证的角度看，"优势"和"劣势"是对立统一的，相互依存又相互转化。从来没有绝对的"优势"，也没有绝对的"劣势"。资源丰富的地方，往往产业结构单一，经济对资源的依赖性越强，反而会限制其他产业的发展；资源缺少的地方，往往却能形成一些对资源依赖程度小的可持续发展产业。

当你饥饿的时候，不会有人携你的手，与你共进晚餐；

当你落魄的时候，不会有人背负着你，穿越生活的荆棘；

当你走上社会的时候，更不会有人为你铺陈锦绣前程，让你衣食无忧。

正是因为如此，所以我们只能依靠自己，正是因为一无所有，所以我们才要奋力拼搏。

现实从来没有公平，成功的跑道上充满了作弊分子，要想抵达终点，你或许要付出比别人更多的努力和汗水，甚至可能你穷尽一生，也无法取得一个令人满意的名次。但如果尚未开始，你便选择弃权，那么成功的终点注定不会有你的身影。当我们放弃拼搏的时候，哪怕终其一生都会一无所有。

所以说，"一无所有"在某些时候也是一种优势。正是因为一无所有，才会有那股甩开膀子放手干的豪爽气息，才会有不顾一切的内在驱动力，这也是改变命运的关键之所在。

不要再为自己的一无所有、一穷二白而灰心叹气了，上天是公平的，它剥夺了我们的一切，也会为我们准备好意想不到的另一种"恩宠"。

PART 2 / 你以为天要塌下来，其实是自己站歪了

性格决定命运，态度决定人生！世间所有事情不必外求，都在自己身上。不是世界如何，你便如何。而是你如何，世界便如何。我们每个人都头顶天，脚踏地，愿你成为自己的太阳，驱散万里乌云，照亮来处去处。相信自己，你能作茧自缚，就能破茧成蝶。

当你觉得"糟透了"，就真的糟透了

　　人生在世，很多人都想获得成功，但成功究竟是什么，做到怎样一种程度才算是成功呢？其实人生的考场无处不在，但满分的标准不止一个，我们有许多个角度可以给自己评分。这就告诉我们一个道理，生活中，看待问题不要太极端。

　　富兰克林说过："生活中的事情，既非一切都是那么美好，也非一切都是那么糟糕，生活是由好与坏组成的混合体。"

　　事实上，很多时候我们的生活乍一看阴雨密布，如果因此就自暴自弃，对自己的人生丧失信心的话，未免有点太早了。等到雨过天晴，露出生活的本来面目时，你再想回头就晚了。因此，富兰克林劝导年轻人，要排除极端情绪，这能帮助我们避免许多感情上的大风大浪和情绪上的大起大落。

　　很多对世界做出过杰出贡献的人都曾被老师或他人认为在某些方面不聪明，例如因为做了好几个丑板凳而被老师讥笑的爱因斯坦，后来成了世界闻名的大科学家。这就说明成功的标准不止一个，别人觉得糟糕没关系，只要你觉得还有希望，只要你不肯认输，那么一切都还有转机。

　　一个男孩出生于一个普通的农民家庭，哥哥在学校是名列前茅的好学生，而他比哥哥更优秀。高考考上了一所名牌大学，是他们那里唯一一个考入名牌大学的学生。当父老乡亲为他感到高兴而庆祝时，父母却要在为男孩的学费而愁眉苦脸，哪怕就是砸锅卖铁也要供他上学。而他也知道自己的家庭无法背负这样的经济重担，毅然背起行囊离家出走。刚开始他在一家酒店打杂，因为他平时很喜欢唱歌，加上他得天独厚的音乐天赋很快成了这家酒店的"台柱"。后来通过不懈的努力，他走上了星光大道，并获得了年度季军。这为他的演艺事业奠定了良好的基础，随之参加了很多大型演唱会，他唱响了中国，唱响了世界，成为"国家一级演员"。他，就是家喻户晓的李玉刚。

山重水复疑无路，柳暗花明又一村。当李玉刚失去上学的机会时，并没有极端地想象自己的未来。他不但没有因此而垂头丧气，反而调整好心态，以坚定的信念追求新的生活和梦想。

生活中，我们不能因为一个孩子的顽皮就否认他的天真和可爱，同样不能因为一个人在某方面的缺点就否定他整个人生，这是对别人应有的态度，更应该是对自己应有的态度。我们本身所拥有的就不多，因此自己更应该对自己好一点，不管外在什么环境，别人如何看待我们，我们自己都要相信自己，一切向前看，向好的方面看，人生才能走向好的方向，我们才能勇往直前。

苏格拉底开始和朋友住在一个环境恶劣、嘈杂的小屋子，但是他并没有因此闷闷不乐，而是每天笑对生活。人们不解地问他为什么，苏格拉底回答道："这间屋子虽然小，但是我可以每天都和我志同道合的朋友在一起学习、讨论，这有什么不值得我高兴的呢？"

不久之后，朋友们逐个找到更好的住所，都搬走了，这时苏格拉底依然笑对生活，没有因为朋友的离开而感到烦恼。人们便又问他为何这么高兴，苏格拉底说："我的朋友虽然都走了，但是我真挚的书友还在这里，这些书籍一辈子都不会离我而去，有他们陪伴，我又有什么不高兴的呢？"

苏格拉底的聪明之处，就是从来不会从消极的方面看待问题，他懂得用智慧的眼光看待周围的恶劣环境，而不是一味抱怨。如果苏格拉底和世俗人一样因为一点点不满而怨天尤人，否定自己的人生的话，那么他就不会如此快乐。

　　不管是顺境还是逆境，我们都要以最美的姿态活着，这样就不会令自己陷入极端的痛苦，从而才能发现生活的美好和幸福。

你若微笑，便是晴天

　　美好的事物总是会招人喜欢。对于人们来说，美貌是吸引人眼球的重要因素，但是这并不代表只有样貌才可以吸引到别人的注意力。其实，容颜不必有多么漂亮才能吸引人，一个满面愁容的美女不一定会多么招人喜欢，相反，一个笑容灿烂的女孩，却总能展现出最美的一面，吸引无数人的目光。

　　笑容是自信之人独有的魅力，只有充满自信，才能在任何情况下展露出笑容。笑容能够化解寒冰，自然也能帮助人们度过困境。

　　世上没有绝对幸福的人，只有不肯快乐的心。让自己拥有快乐的心境，才会有战胜困难的决心，才会有面对人生的勇气。常存一张笑脸，可以让我们内心更加快乐，更加自信。自信又美丽的心会让我们坚强地面对一切挫折和磨难，更好地接受生活。保持愉悦的心情，可以让自己的精神状态更好，可以让我们更好地迎接挑战、解决困难，与此同时，生活也会回馈给我们以温暖。

　　生活是一面镜子，你怎样对它，它就会怎样对你。如果你总是哭丧着脸，每天闷闷不乐，那么生活就会带给你更多的苦闷。相反地，如果你每天积极乐观的面对生活，让自己的内心充满欢乐，充满自信，让微笑总是挂在自己的脸上，生活就会还给你一个又一个晴天。

　　有一个小女孩，因为自己长相丑陋，所以感到自卑。平时她很少和其他的孩子一起玩耍，她的脸上也很少见到笑容。慢慢地，自卑的她变得自闭，几乎不与任何人说话。父母看在眼里，急在心上。为了让女儿好起来，父亲想尽办法。

　　有一天，父亲带她去参观两座庄园。当他们走进第一座庄园时，小女孩发现庄园里随处可以听到朗朗的笑声，五颜六色的花朵在阳光下十分鲜艳，不时有蝴蝶和蜜蜂在悠闲地飞舞着。在里面遇到的每一个人，都会热情地跟他们打招呼，并且送给他们真诚的微笑。

父亲看到小女孩嘴角露出了一丝微笑，感到非常开心，便问女儿道："你喜欢这里吗？"小女孩点了点头说："喜欢呀，这里的风景很美，这里的人也很热情、很亲切，就像家里人一样，我很喜欢。"

接着，父亲又把女儿带到另一个庄园里。这座庄园没有第一个庄园的鸟语花香，更没有热情好客的主人。整个庄园显得死气沉沉，地上长满了蒿草，种植的花有好多都凋零了。庄园里的人见到这父女俩都面无表情，没有一个人主动跟她们打招呼。

参观完这座庄园后，父亲问女儿道："我们今天去了两个庄园，你愿意生活在哪一座庄园里呢？"

小女孩不假思索地说："当然是第一个庄园了，我很喜欢那里！"

"为什么呢？"父亲询问道。

小女孩说："因为他们每个人脸上都挂着笑容，他们给我阳光的感觉，让我感到温暖。而第二个庄园里的人却阴气沉沉，没有一丝笑容，这让我感觉很不舒服，生活在那里我会很难受。"

父亲露出满意的笑容说："是啊，只有笑容才会融化我们心中的积雪，当你笑的时候，也就拥有了一座美丽的庄园。而这些笑容来自于对生活的感激，因为他们对人生充满自信，对人生抱着积极乐观的态度。"

小女孩恍然大悟，明白了父亲带自己参观庄园的用意。从此以后，她学会了笑对生活，她不再自卑，变得非常有自信，她的生活也越来越快乐了。

从这个故事中可以看出，快乐的生活是自己创造的，脸上时常保持微笑，生活才会美好。虽然小女孩的长相不够魅力，但其实她仍然能拥有足够的理由使自己高兴和欢乐。在痛苦与困难面前，只要看得开，想得明白，让自己拥有足够的自信，让自己脸上泛起笑容，生活依旧是很美好的。

在我们贫穷的时候，生活不会赋予我们太多的东西，这个时候，一切都需要我们自己创造。不管困难夺走了什么，微笑都是你有能力赋予自己的。没有人会冷眼对待笑脸，就算是困难也不能，在挫折面前微笑，在困境面前微笑，让微笑成为一种习惯，你就会发现，生活处处是鸟语花香，一切都会因为你的微笑而好起来。

在一个偏僻的小村子里住着一个小女孩。同其他的孩子不同，她天生就有口吃的毛病，这让她的生活有很多的不便。她的同学总是学她说话，并嘲笑她，每当举办一些唱歌聚会的活动时，同学们都不会邀请她。这些行为对女孩的打击非常大，但是她没有认命，她没有自暴自弃。相反地，她发誓一定要改变自己在别人心中的看法，一定要让自己变得更好。她开始要求自己每天都保持自信的微笑，无论遇到什么事一定要让自己的脸上呈现出灿烂自信的笑容。

不久，学校组织了演讲比赛，女孩觉得这是证明自己的最好机会，她相信只要自己有信心，就一定会获得成功。她开始每天练习演讲，虽然口吃，但她还是非常认真地一字一字地说着。无论多么困难，她依然面带自信的微笑。功夫不负有心人，小女孩的付出终于有了回报。经过她的不懈努力，女孩居然一路过关斩将杀入了决赛。

决赛那天人山人海，很多人都来一睹演讲者的风采。轮到小女孩上场了，只见她带着自信的笑容走上了讲台。刚开口，台下就开始骚动了起来。一些人开始非常不满："怎么回事？口吃的人也可以参加演讲，竟然还进了决赛！"女孩不紧不慢的说话方式，甚至让评委也有些不耐烦。

看到大家的冷嘲热讽和漠不关心的神情，女孩没有被打垮。出人意料的是，她露出了自信的微笑，向大家说道："我…相信…自己的…能…力，请大家也要…相信…我…好吗？"

　　女孩自信又真诚的微笑打动了现场的人们，台下立刻安静了下来，女孩的声音再一次响起来。每个人都非常认真地听着女孩的演讲，他们忘记了时间，忘记了刚才的质疑和嘲笑。女孩的演讲结束了，评委给了她很高的评价。台下的观众全都站了起来，为她送去了雷鸣般的掌声。

　　二十年后，女孩早已不是当年那个说话吞吞吐吐的小女孩了，她成为了一名著名的主持人，其机智幽默的主持风格让她获得了众人的认可。当很多人都问她成功的原因是什么时，女孩露出灿烂的笑容说："无论遇到什么困难，无论什么时候都要让自己保持自信的微笑。"

　　自信的微笑是我们战胜一切困难的必备因素，如果我们没有自信的微笑，我们就不会在磨难重重的人生道路上一路驰骋。像这个女孩一样，不要像命运低头，而是昂起自己的头，让自信的微笑去回击世界的挑战。

　　世界上最美丽的容颜是笑脸，一张笑脸是一个人的生活态度，一张笑脸是一个人内心强大的真实反映，一张笑脸更是一个人热爱生活的写照。拥有一张灿烂的笑脸，世界才会明亮，人生才会精彩。

每个人都不完美，但不妨碍一路前行

完美是多少人的梦想？完美的面孔、完美的工作、完美的生活、完美的情侣……这一切听起来都那么令人神往。就拿完美的容貌来说，有人为了它甚至不惜牺牲自己的健康，整容变得风靡世界。然而，完美其实不过是天边的海市蜃楼，只是一个虚幻的空镜子，你摸不到也抓不着，最终还会害了自己。

例如，整容的人到了老年皮肤会急剧地老化，比同龄人更显老态龙钟；追求完美工作的人，反而容易让工作变得一塌糊涂；追求完美情侣的人，因为不断计较而容易导致两人之间关系僵硬，互相磨掉多年的情分……如果因为一次的失误就否定整个人生，那么你的人生将会陷入到无边的苦痛当中。

加拿大不列颠哥伦比亚大学心理学家保罗·休伊特教授通过研究证明：“苛求完美是一种病态的心理，十分不利于保持身心健康。”

这位教授从20世纪90年代就开始研究人类心理上的完美主义，通过研究发现，不管人们追求哪一方面的完美，他们都或多或少地存在着这样或者那样的健康问题：容易焦虑，常常感到沮丧，饮食不规律导致的消化系统紊乱等等，这些都从身体健康的角度对完美主义者提出了警告。

这份研究结果告诉我们：不要一味盲目地追求完美，因为完美有时会害人。为了追求完美而使得人生多了更多的遗憾，岂不是太不值得了？

在美丽的非洲大草原上，一只名叫杰克的小狮子以自己身为狮子而十分骄傲，但是当它练习捕猎时，却觉得自己并没有那么完美，因为它发现狮子的奔跑速度不及羚羊，这让它心生郁闷。为了达到自己心目中的完美，杰克每天练习奔跑，但无论它怎么锻炼，奔跑速度还是比不过羚羊。聪明的杰克就观察羚羊每天的饮食并跟着它们学习，于是羚羊们吃草时它也跟着吃草，羚羊们喝水时它也赶紧跑往小河边，但是时间长了，杰克不仅没有练就羚羊的奔跑速度，反而因为日日吃草而把身体吃坏了，精神渐渐萎靡不振起来。

母狮看到了，温和地对它说："世界上是没有完美的生命的。狮子之所以可以占山为王，是因为我们的综合能力比较强，我们有敏锐的观察力、敏捷的反应能力、极佳的扑咬能力，这些决定了我们的王者身份，然而，王者不代表我们就是完美的，我们没有羚羊的奔跑速度但依然可能会抓到羚羊，靠的是综合能力，而不是样样能力强大。没有任何一点缺点的森林之王是不存在的。"

杰克这才明白，原来自己在追求完美时反而被完美的假象给欺骗了。

完美易伤人，轻易不要去苛求。

每个人都无法选择父母、容貌、家境和生活环境，于是这些事实就成了很多平凡人在长大以后遇到的第一个痛苦。他们会不停地抱怨："我家太穷了！父母没有本事，也没有社会地位，别人都可以靠家里找一份体面的工作，可我的父母什么忙也帮不上……说出来真是丢人！"或是抱怨自己的缺点太多："我个子为什么这么矮？我为什么找不到理想的工作？"等等。

其实，这些不过是生命中的一点瑕疵罢了，并不能阻止你未来追求的幸福。人应该要认清自己，接受这点不完美。只有不完美，才会奋进，才会拼搏。

春曼和心曼是一对出生在黑龙江农村的姐妹，和所有女孩一样，她们喜欢漂亮，也有着自己的梦想。只是，两个姐妹是残疾人，无法行走，每天只能坐在轮椅上。医生说，她们只能活到30岁。

　　这对姐妹没有享受过校园里的生活，但她们自学认字，后来又经营书报摊。再后来，两姐妹开通了"春曼心曼生命关怀热线"，出版了她们的第一本书《生命从明天开始》，拿到了稿费之后，她们做的第一件事就是帮家里还债。之后，两姐妹的第二本小说《假如我可以站起来吻你》出版了，她们从"百无一用"的残疾人成了名人。

　　医生当初的预言并没有阻碍她们勇敢地活下去的决心，身体的残缺没有让她们看不起自己，也没有让她们抱怨上天的不公，如今她们已经走过了30多个春秋，她们从不和任何人去比较自己没有的东西，她们快乐地生活着，努力享受每一天的生命，力求让每一天都很精彩。

　　两个残疾姐妹都能够尽情地享受生命的精彩，那么身体健康的人们又有什么理由看不起自己呢？不必太在意别人有而自己没有的东西，有失必有得，生活就是这样。如果春曼和心曼没有身体上的残缺，也许她们就不会将生命的可贵领悟得如此透彻，也不会感受到活着是那样的幸福。

　　每个人一生的机遇和拥有是不同的，我们不可能拥有一切，生活中固然有很多美丽的东西，但并非样样都是我们能够消受的。同样的，我们也不可能失去一切，只要你细心观察，就会发现生命中总有些不曾察觉的美好。清闲时有清闲时的满足，也有清闲时的寂寞；繁忙时有繁忙时的烦恼，也有繁忙时的乐趣。有钱人有有钱人的潇洒，也有他们的担心和脆弱；穷人有穷人的艰辛，也有他们的坦然和欢笑。

　　还记得玛格丽特·米切尔的小说《飘》中的郝思嘉吗？她固执、虚荣、聪明、狡黠，但她是那么的真实，她的缺点与美艳完美地融合在一起，无人能及。完美是乏味的，它意味着已经失去了任何可能性和延伸感，只要人们敢于正视自己的不完美，调动自身各种优势与之协调，对这个缺陷进行弥补和矫正，一样可以成就精彩的人生。

　　哪怕是一年四季，都各有缺憾，春日苦短，夏天暑长，秋风悲凉，严冬残酷，没有一个季节是完美无缺的，更何况我们人呢？季节变化尚遵循其规律和准则，我们就更不应该有任何违背了。

　　你要记住：生命的光辉和荣耀永远都照在身上暂不完美的那一点上，那是你的独特之处，也正是你的魅力所在。不要试图去改变老天安排好的命运，你只要负责自己人生的精彩就够了，走好自己的每一步。不完美又怎样？只要敢于为了明天而拼搏，改变自己，那么你就可以蜕变成一个完美的人。

相信自己，是对自己最好的奖励

挑战自古就有，并且无处不在。而自信是成功者获得成功的重要因素之一。爱默生曾经说过："自信是成功的又一秘诀。我不敢说凡是具有自信的人都能够成才，但我相信一个成才的人一定具有百战不殆的自信心。"从古至今，但凡是取得成就的人，必然是拥有着强烈自信的人。

信心，对于一个人来说就是照亮自己前行的"火把"。一个对自己都没有信心的人是不会得到他人尊重的，试想一下，如果一个人对自己都没有信心，那么他人又怎么会对你有更高的期望呢？

古时候，有一个学僧十分不自信，老是觉得自己又笨又傻，因此，不管做什么都是畏首畏尾。有一天，禅师给了他一块石头，让他去菜市场把这块石头卖掉。

这块石头不仅很大，而且外形还非常美观。临走之前，禅师对他说："你要记住一点，我只是让你试着去卖掉它，而不是要你真的去卖掉它。要学会观察，多问一些人，然后再回来告诉我它在菜市场上可以卖到多少价钱。"

在菜市场上，很多人看到这块石头以后，都想着：可以买回家给孩子玩、可以买回家当做摆设、可以买回家仔细研究一下。于是，他们纷纷出价，但只是几个小硬币的价格而已。后来，学僧回去告诉禅师，说："禅师，这块石头不值钱，只值几个小硬币。"禅师听完之后，笑了笑说："你明天带着这块石头再去黄金市场一趟，问一下那里的人肯给你多少价钱。当然，不管他们出多少价钱，你都不可以卖掉它。"

　　学僧从黄金市场回来以后，十分兴奋地对禅师说："太不可思议了！有人居然愿意出2000元钱来买这块石头！"

　　禅师听完以后，又让学僧带着这块石头去珠宝市场问价。结果，让学僧感到意外的是，居然有人肯出6万元的价格来购买这块石头。他们见他怎么也不肯买，便一再提高价格，甚至有人出到10万元钱的高价，他也坚持不肯卖，于是有的人就愤怒了，说："我出40万元的价格，你到底卖不卖？或者你说个价格，我都愿意买！"尽管如此，学僧还仍然坚持不肯卖。最后，前来加价的人居然越来越多。

　　学僧从珠宝市场回来以后，对禅师说："那些人似乎都疯了，他们居然出那么高的价格来购买这块普通的石头！"

　　禅师微微一笑，拿回学僧的石头，然后意味深长地说："你把自己定位成什么，那么结果就会是什么，如果连你自己都不敢相信自己，那么你的价值也只会像这块石头在菜市场上的价钱一样。"

　　事实上，这个故事告诉了我们：只要肯相信自己，就会发现自己的优点和特长，就会找到自己前进的方向，生活也才会变得更加丰富多彩。若是这个学僧不曾四处去过问，在菜市场上低价卖出了这块石头，那么它将永远只是一块石头。

　　我们也是如此，你若只是以一块石头的姿态在市场等待，那么你将不会有发光的机会。你应该相信自己是一块宝石，跻身到珠宝市场，这样即便你不是真的宝石，也会在环境中不断磨练，变成真的宝石。其实，在世人眼中，你的能力往往来自于自己的评价。你觉得自己是强大的巨人，那么在别人眼中你就不可侵犯；若是你觉得自己很弱，那么就不能责怪这个世界打压你。

　　电视剧《亮剑》的主人公李云龙曾经说过这样一句话："面对强大的敌手，明知不敌也要毅然亮剑。即使倒下，也要成为一座山，一道岭。"这也正是这位"战无不胜、攻无不克"的常胜将军一生的写照，也是激励很多人的铿锵言语。

在电视剧中，山本率领着他的一支部队突袭了李云龙的指挥所，整个赵家峪的百姓全都被杀害了，就连赵政委也受伤了，面对着敌人的凶残和各种先进武器，李云龙没有一丁点的退缩，来到安全地区以后，他立即下令让各营、连、排迅速归队，准备攻打平安县。最后，山本抓来李云龙的新婚妻子秀芹作为人质，然而，李云龙却毅然决然地放下了儿女情长，用炮去攻打城门，最终攻下了平安县城。

李云龙用自己的实际行动诠释了"亮剑精神"，面对敌人时，他毫不退缩，勇于拼搏，并靠着这种精神赢得了一次次的胜利。

"剑锋所指，所向披靡"，这是何等的气魄！只有勇者才敢于在艰难困苦时说出此等决绝之语、做出这般惊天之举。当我们直面困难时，就是要直接与它交锋，并采取适时的战略战术与之交战，冲破阻碍、踏过羁绊，最终获得光明。

那么在人生的道路上呢？我们是否也有这样的亮剑精神？人生就像一个战场，当需要战斗的时候，你是否想过临阵脱逃，想过退缩呢？

其实有时候并不是没有路，而是路就在眼前，只是你不知道该如何走下去。你常想可是有些什么东西遗落了，可当你转身时，四周却一片空旷，你遗失的只是你自己。

著名诗人食指写下这样的诗篇："当蜘蛛网无情地查封了我的炉台，当灰烬的余烟叹息着贫困的悲哀，我依然固执地铺平失望的灰烬，用美丽的雪花写下：相信未来！"这告诉我们：无论你处在多么艰苦、多么绝望、多么无奈的环境下，只要心之所向，有无畏的精神，并且坚持不懈地努力，始终相信未来，终会有所收获。

我们在遇到困难时绝不应逃避，要做的是通过冷静地分析后，改进自己，直面困难，最终克服的决心。

　　我们必须知道，困难是客观存在的，它并不以人的意志为转移。所以，请坚定地相信自己，并大胆地迎接挑战吧。

　　要相信自己，手中的天地是由自己创造；要相信自己，超越自己后将会第一。任何成功都需要努力，只有拼搏才能取得胜利。在挥汗如雨的时候，要相信自己一定能取得最后的胜利。相信自己，这是对自己最好的安慰；相信自己，这是对自己最好的奖励。

妈妈，我要做一只美丽的蝴蝶

自古以来，哲学家们便已给我们一个极重要的忠告：接纳你自己。世界上有那么多自我的人，但不是每个人都能完完全全地接纳自己。当别人眼中的自己有瑕疵的时候，人们总是难以避免地去迎合别人的眼光，去向着一个根本不存在的倒影学习。

哈佛米勒教授指出，具有强烈自信心的人，是生活中的幸运者，因为他们从小养成了接纳自己的习惯。这种习惯，能让他们很好地认识自己，从而有选择地进行学习，让自己变得更加完美；这种习惯，能让他们对生活充满了信心，能承受各种考验、挫折和失败，敢于去争取最后的胜利；这种自信心，让他们一辈子受用不尽。

当然，我们不能说，只要接纳自己就能成功；但是我们可以说，不敢接纳自己一定无法取得成功。一个连自己都不敢承认的人，心中必然充满了自卑，从而失去了奋斗的勇气。但是站在旁观者的角度来看，这样是不是太傻了一些？自己的人生为什么要让不了解自己的人来做决定呢？

太过在意别人的眼光就是对自己设置了一道障碍，让自己在前行中更为艰辛。哈佛大学的师生都非常喜欢这样一句名言："你之所以感到巨人高不可攀，只是因为自己跪着。"不要把自己看得太卑微，就算别人鄙视你，你也不能否定自己。相信自己是一只蝴蝶，你才能向着化茧成蝶的方向努力。

索菲亚·罗兰演过100多部影片，获得过奥斯卡金奖。她16岁时第一次拍电影，摄影师拿着摄像机围着她转来转去地说："没法拍。"还向导演抗议说："导演，你找了个什么演员啊！我怎么拍，都感觉不对。"

那部电影的导演是意大利的著名导演卡罗，他没办法跟自己摄影师好好地谈一谈，因为他们已经搭档了好几年了。最后，他只好找到索菲亚·罗兰，对她说："你很有表演才能，但我的摄影师提出抗议，说没法把你拍得美艳动人，因为你的鼻子太高了，你的臀部过于发达，你要回去处理一下就可以拍了。"

任何一个女人听到这样的话语，要么勃然大怒，要么伤心难过。但索菲亚·罗兰都没有这些情绪，她对卡罗说："导演，如果我脸上有个疤，我会很愉快地做手术，但我鼻子只是高了一点，臀部是发达了一点，这正是我个人的特点，世界上的美是没有统一的标准的。"导演听到这样的话，觉得很有道理，于是决定电影继续拍，摄影师再抗议就另请高明。

结果这个电影就拍成了，并且受到了人们的欢迎，索菲亚·罗兰一下子走上了大屏幕。后来她充分发挥自己的长处，最终以自己的本来面目获得了成功，成为有名的世界级影星。

有些东西确实无法改变，关键在你怎样看。生命中总会有些"茧"，你可以不去在意，但若是别人在意了，你要怎样做呢？

索菲亚·罗兰的故事告诉我们，不能总是随着别人的目光变来变去。所谓"众口难调"，大千世界，每个人的喜好都不尽相同。将自己的生活放置在别人的标准和目光中，相对于短暂的人生而言，该是怎样的一种悲哀和痛苦。

一个孩子相貌丑陋，说话口吃，而且由于疾病，导致左脸局部麻痹、嘴角畸形、一只耳朵失聪，他的母亲为此陷入深深的痛苦之中："孩子，你刚来世界才几年，就要忍受不幸的折磨，你以后该怎么生活啊？"作为母亲的她，对孩子倍加爱护，但除此之外，她又能做些什么呢？

然而，这个孩子却对自己的不幸没有多大的在意。他知道，既然如此了，那么自己就要比别人更加坚强。所以当别的孩子在玩具中打发时间时，他则沉浸在书本中，虽然他读的书中有很大一部分是成人读物，苦涩难懂，但他却读得津津有味，因为他从中学到了坚强，学到了一种永不放弃的品质。

后来，他听说，含着小石头讲话，能矫正自己的口吃，于是每天就含着石头。看着嘴唇和舌头都被石子磨烂的儿子，母亲心疼地流着眼泪说："不要练了，妈妈一辈子陪着你。"

懂事的他替母亲擦着眼泪说："妈妈，每一只漂亮的蝴蝶，都是自己冲破束缚它的茧之后才变得美丽的，如果别人把茧剪开一道口，这样出来的蝴蝶是不美丽的，我要做一只美丽的蝴蝶。"后来，经过努力，他能流利地讲话了，并且以优异的成绩从中学毕业了。周围没有人嘲笑他，有的只是对他的敬佩和尊重。

这时，母亲为他找到了一份不错的工作，她希望自己的儿子尽量顺利些，但他同样对母亲说："妈妈，我要做一只美丽的蝴蝶。"

1995年10月，在事业和政治上有所建树的他，参加总理竞选，他的对手居心叵测地利用电视广告夸张他的脸部缺陷，然后写上这样的广告词："你要这样的人来当你的总理吗？"这种极不道德的、带有人格侮辱的攻击，反而让对手遭到了大部分选民的谴责。当他的成长经历被人们知道后，他赢得了很多人的同情和尊敬。最后他以"我要带领国家和人民成为美丽的蝴蝶"的竞选口号，获得最高票当选为总理，并在1997年的竞选中再次获胜，连任总理，人们亲切地称他为"蝴蝶总理"。他就是加拿大第一位连任两届的跨世纪总理——让·克雷蒂安。

别人的看法不能改变你的人生，既然如此不可靠，那么就应该被无视掉。别人怎样看待自己真的没那么重要，你怎样看待自己才是最重要的。就像让·克雷蒂安那样，或许生命中有不能承受之痛，而这种痛苦甚至可能是别人茶余饭后的笑料，但不管怎么说，自己都应该尊重这种磨难，因为它将会成为你明天登高的基石！

　　我们所拥有的东西本来就不多，如果因为别人的眼光再去否定自己所拥有的，那么不幸感只会越来越强烈。在那些恶意中伤自己的人面前堵上耳朵、蒙上眼睛，只看自己的内心，这样你才能向着最初的方向前行。

　　总之，不管我们的目标是什么，要想取得成就，我们首先要做到的就是接纳自己，让自己拥有自信，让自己与梦想中的自己更接近。等到时机一成熟，得到的不仅是一个全新的自己，还会得到了一份属于你的成功。

花下的刺和刺上的花

在人生的道路上，每个人的经历和境遇都是不一样的，有幸运的也有不幸的，但很多事情本身并无所谓好坏，全在于你怎么看。那些消极的人总是从绝望的角度来看问题，为接下来的失败埋下伏笔；而那些积极的人凡事多从好的角度来看待，积极行动，结果使自己的人生绚丽多彩起来，为成功做好了铺垫。

保持乐观的心态，凡事多往好处想，心自然会豁然开朗，心胸也将变得豁达、宽阔，你就会发现，事情远远没有想象的那么糟糕。时常发现和体悟生活中的美好，心中便是一片朗朗晴空，表面看似不幸的生活也可以怀有希望；遇到问题时，换个角度看待，许多难题也都能迎刃而解。

俄国作家契诃夫曾经写过一篇题为《生活是美好的》的文章，其中有这样一段话："要是火柴在你的衣袋里燃烧起来了，那你应当高兴，而且要感谢上苍，多亏你的衣袋不是火药库。要是有穷亲戚到别墅来找你，你不要脸色发白，而要喜洋洋地叫道：挺好，幸亏来的不是警察……"

从这样的角度去想，那些小小的烦恼是不是已经不值一提了？

生活中很多事情都是这样，与其绝望悲哀，愁苦自怨，倒不如换个角度，凡事多往好处想，心情自然也就会跟着转变，还可以将不幸造成的损失或不良后果降到最低，甚至有可能影响事物发展的方向，改变自己的不利处境。

一家有两个儿子，虽是孪生兄弟但性情却大相径庭。哥哥对任何事物总是很乐观，弟弟却常常流露出悲观消极的样子。爸爸想中和一下他们的差异，于是把两个儿子分别关进两间屋子。这位爸爸给了小儿子一堆五颜六色的玩具，给了大儿子一堆牛粪。

过了一会儿，爸爸打开小儿子的房门，看到小儿子没有玩那些新颖的玩具，而是泪流满面地坐在地上，爸爸问他原因，小儿子抹着眼泪告诉爸爸："玩具太好了，但要是玩会儿玩坏了怎么办？"

爸爸又打开大儿子的房门，发现他正在牛粪堆里挖洞，于是问他在做什么，大儿子顾不上擦去脸上的汗水，一边挖一边满怀信心地笑着告诉爸爸："我想知道玩具是不是藏在牛粪里……"

从两兄弟的故事可以看出，不同的心态决定了他们看待问题的角度，而看问题的角度则决定了他们在面对人生境遇时所体会到的幸福或痛苦。生活中也是这样，我们都希望自己的人生是那个放满了玩具的房间，可是有时候命运偏偏将我们关进只有牛粪的房间；我们不能选择自己人生的境遇，但我们却可以选择看待人生的角度，是守着玩具依然哭泣，还是即使面对牛粪依然乐观。

乐观是一种处世态度，更是一种勇气。在阳光明媚的天气中感受温暖不是难事，但在风雨中，才能看出人与人的差别。悲观的人想的是天气的寒冷，乐观的人会期待风雨过后的彩虹。

小张和小李是大学同学。大学毕业以后，两人应聘到了同一家公司上班，担任同样的职位。这是一份最基本的工作，工资水平不算高，略低于大学应届毕业生的普遍薪资标准。没做多久，小张就开始抱怨：工作太累，工资太低……他准备要跳槽，问小李愿不愿意走。

小李却觉得：这份工作虽然内容非常枯燥，但是可以学到东西；此外公司规模很大，未来发展的平台很大，让自己发展的空间也很大；而虽然目前来说工资确实有点低，但是在这里工作有无限机遇，以后自己学得多了能够担当起更重要的角色时，工资自然会翻番的。

于是小李就将这些想法与小张一起分享，但小张一句都听不进去，还是执意要跳槽。他觉得自己在这家公司做得十分没有激情，不明白为什么小李能够把一份如此枯燥乏味又没有"油水"的工作想得那么美好。小张摇摇头，就走了。

　　小张这一走就没有收住脚步，到了哪家公司他都是一样，还没做多久就开始嫌这嫌那，结果两年下来他虽然换了几家公司，但所担任的职位却还是原地踏步，拿着应届毕业生的工资，做着最初级的工作，没有攒下一点工作经验，每天牢骚满腹。而小李这时候已经在第一家公司做到了部门主管的位置。当初对待同样一份工作的不同态度，决定了他们不同的事业之路。

　　现实生活中，也许你就是小张，也许你就是小李。面对同样的工作，小张看到的是坏的一面，结果沉溺在埋怨和不满中，无法取得进步；而小李看到的却是好的一面，怀着这样的心态，最终改变了自己的境况。在我们的生活中，不管面对多糟的情况，首先想想，它是不是有好的可能，是不是有向好的方向发展的可能。只要将心态转换好，事情自然会朝着你想要的那个方向转换。

　　就算人生路上有很多坎坷荆棘，但这都只是暂时的，是人生的长河中一处小小的浅滩，我们会在那里稍微停留一下，但不会久居，我们的目标永远是那无垠的大海。

　　在电影《监狱风云》中，名叫亨利的男子是一个笑口常开的人，没有任何事情能够破坏他的心情，没有人能以任何方式夺走他的快乐。当亨利被误判入狱时，所有狱官都看他不顺眼，常常找他麻烦。

　　有一次，狱官用手铐将亨利吊起来，这是一种令人非常痛苦的虐待方式。但是，亨利却没有大喊冤枉，也没有义愤难平，而是笑着对狱官说："你们对我太好了，谢谢你们治好了我的背痛。"

　　之后，狱官又将亨利关进一个因日晒而高温的锡箱中，本以为这样的折磨一定会让亨利痛苦求饶，可是，当他们放亨利出来时，亨利竟然还能在脸上挂上一个大大的笑容，说道："喔，拜托再让我待一天，我正开始觉得有趣呢。"

　　最后，狱官将亨利和一位重三百磅的杀人犯古斯博士一同关进一间小密室。古斯博士心情抑郁，他的凶恶在狱中十分有名，然而，令人惊讶的是，亨利居然和古斯博士谈笑风生，还无比快乐地玩起了纸牌。

　　世界上没有绝对的坏事，事情的判断标准往往只是由我们的心态决定的，自己的快乐掌握在自己手里。亨利只不过是选择了从好的角度来看自己的处境，以快乐作为自己的守护神，而没有让自己的情绪受外在因素影响。当遭遇悲伤的事情时，我们不妨也及时转换心态，进而拥有阳光般的明媚心情。

　　记住，真正的快乐或痛苦取决于我们自己的看法。无论在任何时候，只要你选择以好的心态来面对事情，事情也会向你展示出它美好的一面。

不要在模仿中失去了自我本色

影视作品中刻画了无数个生活幸福的成功人物，对于一部分人而言，他们奋斗的过程并不重要，即便遭遇了困境，结局也会是圆满的，因为一切都已经在最初设定好了。于是，他们开始羡慕这些人的生活，羡慕这些人的经历，羡慕这些人的成功，最后在自己的心里把自己也代入其中……

可人是个体，每个人都有不同的命运，上天只设定了大方向，之后要怎么走，还要看个人的努力。每个人的剧本都不一样，你可以仿照别人的成功模式，奋斗精神，却不能原班照搬照抄。复制出来的成功只是一种表象，并不代表你同样适用。

社会各有分工，每个人都不一定能够做自己想做的事，无论你做什么，其实都有成功的可能。当然，你可能在台前享受鲜花和掌声，但你也可能在幕后促成别人的作品。很多人会说，躲在幕后多没有意思，没有鲜花，也没有掌声。其实大可不必这样想，鲜花诚然是美丽的，掌声也固然醉人，但它在肯定台前人的成就时，也肯定了幕后人的价值。每个人都是自然界独一无二的，活出真实自然的自己，并且按照自己的个性完善自我，这样的人生才精彩。

有一位女孩，她是一个出租车司机的女儿。她在很小的时候，就被周围的人认定为有很高的歌唱天赋，她对于声音的把握非常精准。女孩从小的梦想就是成为一名出色的歌唱家，但是上天给予她美丽声音的同时，也留给了她一样缺陷，那就是她的一张阔嘴和一口龅牙。

在一次公开唱歌的机会中，为了显示自己的魅力，她一直努力用上嘴唇盖住自己的龅牙。这使得她在唱歌的时候非常的滑稽可笑，最终，她的首次登台并没有得到观众的认可，她失败了。比赛结束后，她还一个人沉溺在失败的阴影之中。

但是一个资深的音乐人在听完她的演唱后，认为她很有天赋，也具备很大的潜力。在经过短暂的交流之后，音乐人坦诚地告诉她："我看到了你在台上的表现，知道你在试图掩饰什么，你不喜欢你那口牙齿，但是又有什么关系呢？有龅牙并不是你的过错，为什么要尽力去掩饰呢？张开你的嘴，只要你自己不引以为耻，观众就会喜欢你的。甚至说不定你的龅牙还会给你带来好运呢？"

这个女孩接受了音乐人的建议，在唱歌的时候不再去想自己的牙齿。站在舞台之上，她关注的只是自己能不能唱出自己的水平。

最终，这个女孩实现了自己的梦想，最终成为一名歌唱家。

认识不到自己的价值，也不敢做真正的自己，这已经成为阻碍很多人成功的根源。只有做回自己，做真正的自己，你的价值才不会被轻易否定。每个人都是这个世界上独一无二的存在，要想获得最后的胜利，就必须植根于自己独特的个性。忽视自己的个性或者故意掩饰自己个性的行为，终将一事无成。每个人都有着自己独一无二的标签，而这个标签就是我们与他人区分开来的标志。

美国著名喜剧大师卓别林在刚刚进入演艺圈的时候，他最开始的想法就是模仿当时一位成名已久的喜剧大师的表演风格。尽管在一段时间里，他绞尽脑汁、煞费苦心地学习和模仿，但是却迟迟没有突破和作为。在整个喜剧圈里，卓别林的名字就像很多不知名的演员一样，湮没在庞大的从业人群中。

后来，卓别林开始琢磨，能不能创造出属于自己的表演风格。于是，他根据自己的独特个性，创造了独一无二的表演风格，终于成了有史以来最伟大的喜剧明星。

一个美国思想家曾说过："羡慕就是无知，模仿就是自杀。"即便一个人拥有别人无法企及的天赋，如果只是将这些天赋用在模仿别人身上，最终只能沦为他人的牺牲品。

坚守自我并不是自以为是，故步自封，而是针对个人的特性，想出一个适合自己，能够展现个人才华的方式。一个人不可能成为别人，更没必要成为别人。

鲁迅先生说过："我自己，是什么也不怕的，生命是我自己的东西。所以不妨大步走去，向着我自以为可以走去的路，即使前面是深渊、荆棘、峡谷、火坑，都由我自己负责。"这是一种清醒的执着，是在看清前途后的决断。

鲁迅先生最初是以学医为志的，但在仙台学医期间，他观看了一部侵华日军残害中国人的电影，而在旁围观的也是一群中国人，他们不仅没有丝毫懊恼，反而以此为乐。这样的场景让鲁迅先生格外痛心，自此，他认为治人心比治人身更为重要。

从此他决定弃医从文，走自己的路，用文字唤醒中国人麻木的心，医治病态的人性，让手中的笔成为与敌人对抗的"枪"。

本来，走自己的路就不易，但要走一条将个人前途与国家命运结合起来的路就更不好走。而鲁迅先生以其铮铮铁骨，选择了这条路，并坚定不移地朝着他那个布满荆棘的方向毅然走下去，挑起了中国的脊梁。

谨慎而理智地选一条适合自己的路去走，不要去管其他，即便是用和别人相反的模式，也不能注定你一定会失败。就算自己选的道路充满了坎坷，自己也不能最先否认自己，因为那是自己的选择。

你握住的是刀刃，还是刀柄

当我们看到别人生活惬意、舒适的时候，常常会羡慕不已，心里会想：人家怎么没有压力，看上去那么轻松！可是当我们和周围的朋友聊起来的时候，别人反而觉得我们没有压力。其实，这只是一种"当局者迷，旁观者清"的心态在作祟，让我们感觉生活是别处的好，幸福是别人的事。

然而，实际上，生活对于我们每一个人都是公平的，除了不谙世事的小孩子，每个成年人都要遭受风吹雨打、烈日暴晒。诸如此类的压力，每个人都无法避免，只是或多或少、或大或小罢了，比如工人面对下岗时有压力，基层干部想要晋升时有压力，项目经理业绩平平时有压力，学生有升学的压力，毕业生有择业的压力……可以说，每个人有每个人的压力，每种角色有每种角色的压力。

既然压力无人不有，无处不在，那么我们也就没必要去羡慕别人，因为那只是雾里看花罢了。要想真的让自己活得轻松快乐，我们还得靠自己拥有一份善于排解压力、冷静对待压力的心。就像英国著名的心理学家罗伯尔曾经说过的话："压力犹如一把尖刀，它可以为我们所用，也可以把我们割伤，那要看你握住的是刀刃还是刀柄。"

这也就是说，我们在觉得压力让我们喘不过气来的时候，并不一定是压力本身的问题，而在于我们自身，就像握住了刀刃一样，感到痛苦却不知原因何在，只能一味承受，但若是你了解了压力的本来面目，就能找到将它转换为动力的办法。

毛毛大学刚毕业，便和恋爱多年的男友步入了婚姻的殿堂。第二年，她们便有了自己的宝宝。这样一来，从小没吃过多少苦的毛毛有点疲累交加，痛苦不堪了。一方面要工作，一方面要照顾孩子，一方面还要应付不太熟悉的婆婆。一时间，毛毛感到压力空前的大，她有些难以承受了。

周末的时候，她来到娘家，跟父亲诉起苦来。父亲什么也没说，带着她径直来到厨房，然后拿出三口锅，分别放上胡萝卜、鸡蛋和咖啡豆，然后点燃炉灶给三口锅加温。毛毛一直不明白父亲葫芦里卖的什么药，只好静静地观看着。水开之后，父亲让毛毛看这三种食物，毛毛发现，胡萝卜已经软了，鸡蛋已经煮熟了，咖啡也已经煮得很香。

毛毛不明就里，只听父亲解释道："同样的时间，同样温度的水，但是对这三种不同的东西来讲，它们的反应却不尽相同。胡萝卜本来是硬的东西，但煮熟后变得软了；鸡蛋的内部本来是液体，但煮熟后变得有了韧性；咖啡的本事最大了，它不但没有因为水而改变自己的味道，反而更加香醇了，而且它还改变了整锅的颜色。"

毛毛听懂了父亲话语里的意思，她明白了压力经常会不请自来，面对它们的时候，如果自己能够像咖啡一样，将压力转化成动力，或许周围的一切也就跟着改变了。

没错，这个小小的故事向我们呈现了一个简单而深刻的道理：面对压力，乐观的人善于将其变为动力，而悲观的人则会任由压力改变自己。

既然压力不可避免，那么我们何不学一学咖啡的精神呢，让自己享受这份压力，在压力中历练自己，让自己越发变得成熟而有魅力。

一位管理人士曾说过这样一句话："人活在世界上，每天都像动物一样在大草原上猎食，有时丰收、有时失败、有时自己跌倒、有时看到别人跌倒，但是这其中最大的不同，就在于这个人多快才能站起来。"所以说，我们只有让自己尽快从压力中解脱出来，才能摆脱苦闷，我们也只有具备了乐观的生活态度，才能适应时代的变迁，走出只属于自己的优雅步伐。

压力无处不在，这已经是一种无法改变的现实，抱怨也好，堕落也罢，都只是在强压之下扭曲的表现。就算压力像空气一般充斥在我们周围，我们也应该想尽办法呼吸。改变不了现状，就想办法利用压力。就像能量可以转化一样，压力也能转化成动力，只要你将它看作自己的推动力，那么你就能够得到成功的源动力。

一艘货轮卸货后在返航的时候，突然遭遇巨大风暴，大家感到惊慌失措。就在这个危急时刻，老船长果断下令："打开所有货舱，立刻往里面灌水。"往货舱里灌水？水手们惊呆了，这个时候本来就危险，怎么还能往里面灌水呢？险上加险，这不是自己给自己找麻烦吗？不是自找死路吗？

只听，老船长镇定地解释道："大家见过根深干粗的树被暴风刮倒过吗？被刮倒的是没有根基的小树。"水手们半信半疑地照着做了，虽然暴风巨浪依旧那么猛烈，但随着货舱里的水位越来越高，货轮渐渐地平稳，不再受到风暴的袭击了。

大家都松了一口气，纷纷请教船长是怎么回事。船长微笑着回答道："一只空木桶很容易被风打翻，如果装满了水，风是吹不倒的。一样的道理，空船是最危险的，给船加点水，让船负重才是最安全的时候。"

其实，人心何尝不是呢？心头放着一定的压力，才能砥砺出坚稳的脚步。如果像一艘空船一样完全没有负担，那么一场人生的风雨就能将之彻底打倒。在生活中，在这个四周充满竞争的社会里，谁要是拒绝压力，谁就注定无法生存。

有一位哲人说过："要想有所作为，要想过上更好的生活，就必须去面对一些常人所不能承受的压力，你得像古罗马的角斗士一样去勇敢地面对它，战胜它，这就是你必须要走的第一步。"车尔尼雪夫斯基也说："人最宝贵的东西是什么？是生活压力。大大小小的压力，是成功最好的动力。"

美国麻省的艾摩斯特学院曾经做了一个很有意思的试验：

实验人员用很多铁圈把一个小南瓜整个箍住，然后观察随着南瓜的逐渐长大，能够承受铁圈多大的压力。最初他们估计南瓜最大能够承受大约500磅的压力。在实验的第一个月，南瓜承受了500磅的压力；实验到第二个月时，这个南瓜承受了1500磅的压力；当它承受到2000磅压力时，研究人员必须把铁圈捆得更牢，以免南瓜把铁圈撑开。最后整个南瓜承受了超过5000磅的压力，瓜皮才产生破裂。

最后的实验项目是，实验人员把这个南瓜和其他南瓜放在一起，试着一刀剖下去，看质地有什么不同。当别的南瓜都随着手起刀落噗噗地打开的时候，这个南瓜却把刀弹开了，把斧子也弹开了，最后这个南瓜是用电锯锯开的：它果肉的强度已经相当于一株成年的树干！因为在试图突破铁圈包围的过程中，这个南瓜正在全方位地伸展，吸收充分的养分，最终果肉变成了坚韧牢固的层层纤维。

既然南瓜能够承受如此庞大的压力，那么我们人类又能够承受多少压力呢？南瓜试验告诉我们，大多数的人能够承受的压力往往超过自己的预期。同时也说明，只要我们积极应对，人的承受力将会具有无限的潜力。如果能够用积极的态度和行动去应对压力，就能将压力化为成长的张力。

永远恐惧压力，你就永远被它压制，若是试着一点点地接受压力，那么你就如同这个南瓜一样，随着岁月的流逝会成长的无坚不摧。的确，压力在很多时候能激发出强大的精神力量，把人的潜能发挥到极点。在火灾中，一个姑娘竟然能够把一架需要五六个男人才能搬动的钢琴搬到了安全地带；一个八九岁的小男孩，在紧急关头为了救出压在汽车下的父亲，硬是一个人掀翻了一辆汽车！种种事例，充分说明了在压力面前，一个人的潜能有多么巨大。

因此，压力不是什么大不了的事情，关键的是我们如何看待。在压力面前，勇敢地去面对，并能把压力化作动力，在压力的不断鞭策下，迫使自己不断前进，压力就成为了成功的催化剂。我们要想在激烈的职场竞争中取胜，在工作的方方面面做到精益求精，就必须学会与压力共存，化压力为前进的动力。

从这个意义上说，我们需要好好感激压力。只要是自己能够承受的压力，那么就不妨在一段时间内，让压力来得更加猛烈些吧！像铁圈下的南瓜一样承受压力，敢于负重，勇于负重，善于负重，我们会因这近乎残酷的负重洗礼而变得更加强大，实现从焦虑到安然，从平庸到成功的跨越。

柴米油盐才是生活真滋味

玲玲长得漂亮，家境不错，在银行上班，她的新婚丈夫小白高高大大，长得帅气，又是某一科技公司里的骨干技术员，亲友们都夸玲玲有眼光，不过这场看似幸福的婚姻却没有走多久。

玲玲沉迷偶像剧，追求浪漫、激情的情愫一直萦绕着她，婚后不但要求小白每天接她下班，还要求小白像偶像剧里的那些绅士一样"变着花样"出现，比如这回手捧玫瑰花，下回就要带个小礼物，每次要对她说I Love you；还说这样才能显出他们夫妻情深。尽管玲玲温柔可爱，是不可多得的好女孩，但这样时间久了小白就有点吃不消了，觉得玲玲"难伺候"。

一天，玲玲正兴致勃勃地看电视剧，突然问正在收拾家务的小白："电视上婆婆都是为难儿媳，真是有道理，上次你妈来还抱怨我不爱做家务呢！"并让小白回答"若我和你妈一起掉下河，你先救谁？"小白觉得玲玲有些不可理喻，生气地回答"当然救我妈，起码她会照顾我。"

就为这件事，玲玲生了一整天的气，说小白婚后越来越不绅士了，还说"男人要时时刻刻宠爱女人，偶像剧里都是这样的，这样才是真正的爱"。上周三，小白拨打婚姻热线诉苦说，他感觉老婆平时说话做事都像是在演戏，自己受不了她的脾气了，考虑离婚。

恋爱的时候，两个人对彼此都不够了解，只是凭着吸引力走到一起，对两个人的未来也有太多不确定，所以不断通过各种浪漫的行为来证明自己的爱情，反复询问对方以确定两个人是彼此相爱的。但是步入婚姻殿堂之后，很多人的相处模式自然就转变了，两个人不再每天说甜言蜜语，更多的是在诉说生活的琐事。

对爱人的怨念或许正是从此时开始的，因为梦想和现实的落差感，让人们对自己的另一半产生了不满。男人抱怨女人成了黄脸婆，每天都为柴米油盐的小事唠叨不停，早已没有了恋爱时的温婉多情，甚至还会管制起自己。而女人呢？则开始抱怨男人不够体贴，不够浪漫，情人节也不再送自己美丽的玫瑰……

其实，每个人的骨子里都有一种浪漫，无论男人与女人。即便进入了婚姻，也很难一下子从浪漫的恋爱中回过神来。进入婚姻后，由于生活杂事的纠缠，两个人比起甜言蜜语，更多的是争吵，很多人一时难以适应这种转变。这就是现实，很多人因此而不解，甚至感到悲伤。难道爱情就这样消失了吗？

当然不是，只是我们做了太多美好的梦，不愿意醒过来而已。生活不是电视剧，婚姻更不是偶像剧，不会每天都有那么多的惊喜，不会每天有那么多的浪漫，婚姻生活的真谛就在于日常的相处和琐碎的柴米油盐，实实在在的幸福才是最真实的，也是最重要的。不要因为渴望激情浪漫，而幻想婚姻每天都有那么多的惊喜和意外。要知道，真正打动人的感情总是朴实无华的，它不出声，不张扬，而且埋得很深。

她和他结婚三年，她是一个追求浪漫的女人，他的木讷、不解风情渐渐让她感觉婚姻生活的无趣，她甚至觉得他不是真的爱自己，不值得自己托付终身。她想了很久，那天终于鼓足勇气对他说："我累了，也疲倦了，我们离婚吧。"

男人深爱着这个女子，顿时他愣住了，艰涩地问道："为什么？难道你觉得我不够爱你吗？那你说，我哪里做得不好，我要怎么做，你才能改变主意？"

她说："我问你一个问题，如果你的答案我能接受，那我就选择留下。假如我非常喜欢一朵花，但是它长在悬崖上，如果你去摘，一定会掉下去摔得粉身碎骨，你还会为了我去摘吗？"

他沉默了一下，然后说道："我想一下，明天早上给你答案。"

第二天早上，她醒来时他已经出去了，桌上依然像往常一样放着一碗她最爱的、热腾腾的米粥，下面压着一张他留下的纸条，上面写着满满的字。看完第一行后，她的心一下子沉了下去，但……

"亲爱的：

我确定我不会去摘那朵花，理由是：

在这里住了这么久，你出去还是经常找不到方向，然后就开始哭，所以我要留着眼睛帮你看路。

别人惹你生气时，你总是不说话，喜欢一个人生闷气，而我怕你气坏了身子，所以我要留着嘴巴逗你开心。

你每月那几天都会疼痛难忍，而我要留着手给你暖肚子。

你出门总是忘记带钱包，买好了东西才发现没带钱，而我要留着脚跑去给你送钱，让你把喜欢的东西买回家。

因此，在确定你身边没有更爱你的人之前，我不想去摘那朵花……

亲爱的，如果你接受我的答案，就把房门打开吧！我正拿着你最喜欢吃的豆沙包在门外等着呢……"

她看完，突然想到了他的种种好，他除了不会讨女人喜欢外，他勤劳善良，为人本分诚实，工作兢兢业业，她扑在他怀里放声大哭，她不再需要那朵花了，庆幸还没有失去一个温暖宁静的家！

歌词中唱到："我能想到最浪漫的事，就是和你一起慢慢变老。"这样的爱情才是值得人们憧憬的。爱情至多可以维持三个月的激情，而婚姻则能维系你们之间永久的亲情，是你们对对方的一种保证。梦可以偶尔做做，但大部分时候我们还应该生活在现实当中，长相厮守，才是真实当中的浪漫。

不要再去抱怨你的另一半改变了，也不要去抱怨你婚姻平淡了，这些都是你曾经的选择，既然选择了对方，选择了相守，那就应该在现实中将两个人的故事一直延续下去。要认清楚爱情与婚姻之间的区别，学着用成熟理智的心态去面对爱情，面对婚姻，你才能获得自己真正的幸福。

再美的外貌也会有变老，再美的爱情也会走入现实。爱情需要浪漫，而婚姻却需要真实。不要感慨于平淡的生活，不要叹息于平静的岁月，多留意生活中实实在在的爱意，用心中的理智之柴将爱火燃得更旺，用成熟的屋檐为爱遮蔽风雨，你才能真正赢得对方的真心，使这份感情天长地久。

人生总有些遗憾，那就随他去

一代名臣曾国藩曾说："得失有定数，求而不得者多矣，纵求而得，亦是命所应有。安然则受，未必不得，自多营营耳。"

我们总认为得到本就是理所当然，失去反而成了非常态。所以，每每失去，就不免感伤和追忆。其实，每个人心中都是明白的，在漫漫人生长河中，得失随时相伴。人生苦短的叹息，花开花落的无奈，即使诗画中也是风雨和阳光同在。这才是大自然的规律，也是普通人的平凡生活。

然而，平凡中自有升华。每一次的觉悟和放弃，都是一次灵魂的洗礼。伤感过后，仍是要回到现实生活中，日子并不会因为个人而改变。就在这叠进式的进程中，才会超脱地望向未来。眼神里的凄楚，也因深刻而愈加美丽。

其实，人生就是一个不断得而复失的过程，就其最终结果而言，失去比得到更为本质。随着整个生命的离去，我们所拥有的一切都将失去。世事无常，没有任何一样东西能够被真正占有。既如此，又何必患得患失？我们应该做的，所能做的，便是在得到时珍惜，失去时放手；安然于两者之间，心平而气和。

东晋大诗人陶渊明向来被世人奉为安贫乐道、高洁傲然的精神典型，一段《五柳先生传》便足以为证：

"环堵萧然，不蔽风日；短褐穿结，箪瓢屡空，晏如也。常著文章自娱，颇示己志。忘怀得失，以此自终。"

想当初，那不为五斗米折腰的陶潜，也曾有过报效天下之志，十三年的仕宦生活是他为实现"大济苍生"的理想抱负而不断尝试、不断失望、终至绝望的十三年。然而终究，赋《归去来兮辞》，挂印辞官，彻底与上层统治阶级决裂，毅然不与世俗同流合污。对于所谓的世事得失，怎一个潇洒了得。

回归故里后，陶渊明一直过着"夫耕于前，妻锄于后"的田亩生活。初时，生活尚可："方宅十余亩，草屋八九间""采菊东篱下，悠然见南山"，虽简朴，却乐在其中。

后住地失火，举家迁移，生活便逐渐困难起来。如逢丰收，还可以"欢会酌春酒，摘我园中蔬"。如遇灾年，则"夏日抱长饥，寒夜列被眠"。然而，其安然于得失的本色，丝毫不改，稳于心中。

陶渊明的晚年生活愈加贫困，却始终保持着固穷守节的志趣，老而益坚。元嘉四年（427年）九月中旬，神志尚清时，他为自己写下了《挽歌诗》三首。在第三首诗中末两句说："死去何所道，托体同山阿"，如此平淡自然的生死观，情也飘逸，意也洒脱。

或许，对于陶先生的境界，我们一时无法企及，但至少能做到的便是饱有一颗淡泊明志、从简修行的心。平静面对得失，执着于自身超脱；世态炎凉冷暖，又何碍于冷眼旁观，泰然自若。

得到的并不一定是最好的，也并非是让我们刻骨铭心的——但这却是属于我们能够拥有的。得不到的就不要执迷于此，失去也未必不是一种简单和轻松。清风两袖间，更显得飘逸和潇洒。

平日里，我们好像只关心自己已经失去的，一味地沉浸于喋喋不休的埋怨与追悔中，无形中留下了许多伤感与怨恨。其实，快乐与否，只是我们自己内心看待得失的角度不同罢了。

老人家久居山野村落，每天早晨都往返于水井与家之间，只挑两担水。

日子久了，水桶就有点漏，滴滴答答，一路上落下长长一行水痕。路人提醒他说："您换个水桶吧！"老人家笑笑不语，依旧挑着旧水桶来，挑着旧水桶去。

后来，仍不断有好心人提醒，老人除了感谢之外，依然没有任何改变。邻居不解地问道："您那么辛苦地挑了一担水，可水桶是漏的，等走到家时恐怕早已漏掉了小半桶，这么白费力气，何不换一个好桶呢？"

老人坦然一笑，说："没有白费力气啊。你回头看一看，这一路走来，我桶里漏的水不是都浇了路边的花草了吗？你看它们长得多好啊！"

对于得与失，老人早已释然并通解，所以有了如此安然而平和的心态。失去其实并不可怕，可怕的是我们不能够正视现实。往往，当我们对失去感到遗憾的时候，可能就在不经意间得到了另一种收获。既然已经失去，又何必耿耿于怀，纠缠于内心？放弃不必要的冥想，珍惜眼前的平凡，自娱自乐，心安理得，没有刻意的追求，便不会有失去的伤感和沉重。

人生并非一帆风顺，有时候，命运会拿走我们生命中的一些东西，对于这些失去的，人们可能无限次地反思自己，认为是自己做得不够好。其实，失去了就失去了，消失总有消失的理由，你去追究一个结果，不过是浪费时间，不如去看看失去后会为自己带来了什么，反而更有意义。就像老人所说的那样，丢掉的半桶水不是失去，而是赋予更多生命生长的机会。

月亮的残缺并没有影响到它的皎洁，人生的遗憾也不该遮掩住它的美丽。不要再让担忧与焦虑消耗我们的精力，心态的调整只是一念之间的意识。安然于得失，简明的心性，胸襟便自然豁达于明媚之中。你完成了你的精彩，剩下的，只需听老天的安排。

PART 3 / 站在树上的鸟儿，
从来不会害怕树枝断裂

对于能力不足的人来说，再好的东西摆在眼前，也无福消受。永远记住，成功唯一的方法永远只是一个，那就是实力，永远不用怀疑。正如一句名言所说——"一只站在树上的鸟儿，从来不会害怕树枝断裂，因为它相信的不是树枝，而是自己的翅膀。"

一个独立的人，坦荡地走在大地上

人是世间最脆弱的动物，因为人们不仅有生存的本能，更有关于人生的思考和情感。比起那些依靠本能而活的动物，人的欲望要多得多，但并不是每个人都能够满足自己的欲望，有时甚至连自己的追求都不能满足。遇到这种情况，很多人或许会抱怨命运的不公，或许在想自己的能力不够，接下来，便将这种自觉难以实现的愿望寄托于命运和他人身上。

依赖是一种习惯，在人们脆弱的时候，总希望有人能够拉自己一把。确实，生活如此艰难，难免会有向他人寻求帮助的时候，但你要知道，依赖只是在你走不下去时的一点依靠，并不能成为你的一种活法。

人要为自己找活路，没有人能够一直帮助你，毕竟人是个体，会为了自己而奋斗，你也应如此。为什么要将希望寄托于别人？我们有手有脚，不比别人差在哪里，但若是一味依靠别人，你无异于将自己当成了人生中最贫穷的人——乞丐。

人生在世，应该以一种宽大的胸怀坦荡地活着，在烦恼压身的时候，我们不能一直想着让别人来拯救自己，而应该首先想到自救，自己为自己搭出求生的阶梯，只有这样，你才能给自己找到一个出口。

能力是属于自己的，这些是别人夺不走的，而别人施舍的恩赐则随时可能会消失，就算为自己找退路，你也要懂得"凡事应靠自己"这个道理。人的一生中，自己才是最大的依靠，只有成为了一个名副其实、真正掌握自己命运的舵手，自己的未来才会有希望和成功。

在《聪明的笨蛋》一书中，讲到了作者从小是不被老师看重的孩子，就连他长大之后，还曾经两次被公司领导辞退过。令他深感自责的是，为何他如此努力，却仍旧是一个笨蛋。

他也曾经为此否定过自己，在内心做过强烈的挣扎，并且在那个时候，他甚至还被别人称为"精神病"。然而，他内心深处始终有一个声音在呐喊——靠自己坚持下去。正是凭借这样的信念，对于失败，他一次次坚强地撑过去了，中间确实遇见了几位不错的老师，并在妻子的鼓励下，他最终如愿取得了心理学博士学位。

在五十四岁那年，他终于理解了"学习障碍"这个名词，还知道了他之所以受了如此多苦难的缘故，后来他还以自身受苦的经历给予了身边很多人帮助。

该书作者的经历告诉我们：只要自己抱有十足的信心和顽强的毅力，就会战无不胜。他也正是凭借自己的精神将各种障碍克服了，当然这不是别人就能给予的，因为靠谁不如靠己。

泰戈尔曾经说过："顺境也好，逆境也好，人生就是一场面对种种困难无尽无休的斗争，一场敌众我寡的战斗。只有笑到最后的人，才是真正的胜利者。"可以说，在信念的驱使下，在拼搏精神的照耀下，就没有跨不过去的山，迈不过去的坎儿。人是脆弱的，但没有我们想的那样脆弱，你的承压能力在于你是否敢于去承压。遇到困难时，应该将别人的帮助当作最坏的选择，而不是首先应该想到的。

依靠别人生存的人，最终只会消磨自己，让自己的能力每况愈下。人的能力是锻炼出来的，只有你懂得奋斗，敢于奋斗，才能成为生活的强者，成为别人能够依靠的人，而不是依靠别人的人。

"琼斯乳猪香肠"在美国人人皆知的一种美食，它的发明者叫琼斯。在琼斯发明这种美食的过程中，还藏着一个感人至深的故事——琼斯与命运进行斗争。

琼斯之前工作于威斯康星州农场，那个时候，他的生活非常贫穷，但他身体强壮，工作认真勤勉，生活得比较幸福。

　　但是，谁也没有想到的是，一次意外事故导致他瘫痪在床，这也改变了琼斯的命运，在很长一段时间里，他整天生活在可怕的阴影里，每天抱怨老天对他的不公平，他痛苦极了，甚至连他的亲友都觉得他此生彻底完蛋了。

　　有一天，琼斯的妈妈鼓励儿子说："琼斯，我不愿意听你说生活的糟糕是上天的意愿。你要知道，是你自己掌握着自己的命运。"

　　在接下来的几天时间里，琼斯都在深刻地反省妈妈说的这句话："是啊！为什么只是埋怨上天，而想不到自己主动去改变命运呢？尽管我没有了双腿，但是我的大脑还健在啊！"

　　从那日起，琼斯每天信心十足，同时也让家人重新燃起了希望，他决定自己致富。在那段日子里，他每天都会在心中留下积极的想法，而快速过滤掉一些消极的想法。

　　经过数日以后，琼斯终于告诉家人自己的致富构想："实际上，我们的农场完全可以改为种植玉米，用收获的玉米来养猪，然后趁着乳猪肉质鲜嫩时灌成香肠，将它们出售出去，我想销路一定会很好！"

　　果然，事情就像琼斯提前预料到的那样，待家人按他的计划准备好一切后，"琼斯乳猪香肠"真的红遍了美国，成为了受大众欢迎的美食，琼斯也因此彻底颠覆了自己的命运，从此一家人的生活富足起来。

　　尽管老天为琼斯关上了一扇门，但同时也为他开启了一扇窗。在我们每个人生活的道路上，一旦前方出现"挡路石"的时候，我们一定要凭借自己的双手，发挥自己解决问题的优势和能力，如果只是期盼别人过来拉自己一把，问题永远得不到真正意义上的解决。

　　俗话说得好"天无绝人之路"，不管生活以什么样的姿势面对我们，我们都要始终坚信"人生没有过不去的火焰山"。琼斯之所以最后能让"琼斯乳猪香肠"一炮走红，就是因为他有着一颗坚定的心，自始至终都坚信"冬天来了，春天就不会太远"。他未被眼前的绝境所吓倒，而是依靠自己的聪明智慧，从绝境中看到了希望，寻找到了致富的光。

每个人的生活中不可能都像春天般的和风细雨，也不可能阻止风风雨雨的降临。只要自己有接受风雨的勇气和宽广的胸怀，即便被挫折打倒在了地上，也要坚强地爬起来，重整自己的装束，以乐观的心态挑战自我，挑战命运。若是只在原地等待着不一定能够出现的帮助，那么说不定你会永远停留在原地，就算有人好心拉了你一把，在等待中你也耗费了大把的时间。

等待别人的救助无异于封锁了自己的能力，我们可以通过下面的故事看一看。

在一座废弃的楼房里，一个孩子正在那里玩耍。忽然，他听见不远处传来了一阵悲伤的哭泣声，于是，他循着声音望去，只看见，在一个角落里，有一个四四方方的铁笼，里面囚禁着一个骨瘦如柴的人，哭泣声就是从这个人口中发出来的。

孩子急切地问："你是谁？"

那个人回答："我是我的生命。"

孩子接着问："谁把你关在这里的？"

那个人说："我的主人。"

"谁是你的主人？"

"我就是我的主人。"

"嗯？"孩子有些不解。

那个人继续回答："谁也没有囚禁我，是我自己囚禁了自己。当我欢笑着企图在人世间展示我生命的欢乐时，我发现一不谨慎就有落入陷阱的可能，从而跌入黑暗的低谷，一不小心就会遭受风雨的猛烈袭击，甚至会被风浪一股吞没，所以我变得很懦弱，内心也十分恐惧，于是，我就将自己囚禁在这个铁笼里，我认为这样非常安全，不会有危险发生在我的身上。我从来不敢也无法冲出铁笼去面对生活，而一天天的哭泣会让我的生命流干。"

孩子并不懂那个人说的究竟是什么意思，他只是在想："我要设法砸碎这铁笼，将这个人尽快解救出来。"于是，这个孩子找来了一把大榔头，拼足自己所有的力气，向铁笼砸去……直到这个孩子累到了极点，铁笼还是没能砸开。见状，那个人顿时怜悯起这个孩子来："唉，把榔头给我，让我自己砸开它吧。"话音还没有落下，铁笼就已经散开了。

这个故事告诉我们：在人生的路途上，我们谁也无法预知未来会出现的各种挫折，一旦挫折落到了我们的头上，我们是否有勇气进行自我拯救，大胆地走出逆境中的泥泞，从而打开自己的"活路"呢？

当感到生活有负于我们的时候，如果我们选择逃避，将自己囚禁在自认为安全的大"网"里，那样就意味着我们已经迷失了自己，离"真我"也会越来越远。要知道，从我们诞生日起到离开这个人世，有一个最为可怕的敌人——自己，会一直陪伴在我们的左右。我们只有不断超越自我，挑战自我，才能逐渐强化薄弱的意志力，从而强化我们的神经，进而摘取成功的桂冠。

我们自己才是自己真正的救世主，只有自我拯救才能获得别人更多的帮助，才能在眼前出现"生"的奇迹。

沟通力：话说对了，事就成了

谁都希望自己的人生惊喜不断，但你知道如何给自己带来惊喜吗？

现在告诉你一个捷径：多与他人沟通吧！

你在不经意间是否有这样的经历：当遇到困难时，自己一个人想破了头也想不出解决的方法，别人一句不经意的话就会让你茅塞顿开；在你愁肠百转，不知该如何解决困难时，可以请教有经验的人，他们的经验会让你少走许多弯路，这就是惊喜，这种惊喜带给你的收益，绝非是一次浪漫的旅游、一个开怀的笑话所能比的。或许，化解一次危机，就会改变你的一生。

沟通本身就是信息和情感的交流，是人与人之间相互扶持、相互勉励的共享形式。当你和不同领域的人沟通交流时，你会得到许多以前从来没有听过的信息，这会增加你的阅历，拓宽你的眼界。虽然了解不深刻，但信息的种子是会发芽的，只要你种下了，哪天需要，它就会破土而出，带给你意外的收益。

虽然人生之初给我们的东西并不多，但语言是上天赋予我们最好的礼物，因为有了语言，人与人之间便有了交流与沟通。如果我们将自己封锁在一个自我的小世界当中，那么我们无异于浪费了自己的才能。

不管是否和工作有关，不管这个人是否和自己有密切的联系，与其交流都是有益而无害的事情。只不过，沟通交流也并非是那样简单的事情，有些时候，我们所选择的方式不对，不但达不到预期效果，还会让事情僵化。

波兰北部城市埃尔布隆格有一家中型棉纺企业，戴维是这家企业的一线员工。虽然只是普通的员工，但他是个细心的人，他知道自己工作的工厂最害怕火灾，自己身处其中，不管是为企业还是为自己，必须要随时留意。盛夏的一天，工厂因为机器故障生产了一批次品棉纺，厂长为了工厂的名声，决定将这批棉纺处理掉，但因为要忙于赶工订单，这批次品棉纺就被丢弃在工厂的一个角落，暂时堆放起来，等日后处理。

棉纺堆放的附近有座废弃的玻璃外墙建筑，玻璃接受日照会反光，虽然不是很强烈，但每天反射在面纱上还是非常危险的。这一现象被戴维发现了，他意识到潜藏的巨大危险，立即跑到副总办公室，进门后当头一句："那堆废棉纺堆到那里很危险，弄不好会着火的。"

副总被突如其来的一幕吓了一跳，他缓过神来，不高兴地说："如果我没记错的话，你叫戴维吧，这个时间你应该在车间里工作，而不是到我这里来大呼小叫。"

戴维着急了，更大声地说："我知道我应该工作，但那堆棉纺真的很危险。"

副总略带愠色地说："那堆棉纺有什么危险不是你该关注的，你的职责是回到车间里工作，快回去吧！完成自己的工作，小伙子！"

戴维还想继续说，但看见副总已经低下头翻看文件了，就没有再说下去，悻悻地回了车间。果然不出戴维所料，第二天，天气晴好，那批废棉纺在高温加反光的作用下起火了，火势蔓延很快，虽经消防部门全力扑灭，工厂依然被烧毁了大半，损失极为惨重。

这样惨重的事情其实完全是可以避免的，如果那位副总懂得沟通，能够和戴维平心静气地交流，问题是不难解决的。比如：

戴维急匆匆跑进副总办公室，礼貌地说："那堆废棉纺堆到那里很危险，弄不好会着火的。"

　　副总平稳下心来说："如果我没有记错的话，你叫戴维吧，这个时间你应该在车间里工作，突然跑到我这里来吓我，一定是有什么重要的事情。你刚刚提到了废棉纺，说说具体的事情。"

　　戴维缓了一口气，说："我看到那堆废棉纺堆放的位置不好，附近竟然是一座玻璃建筑，盛夏的阳光很强烈，会被玻璃反射到棉纺上，这样很容易发生火灾，建议立即移动位置或者赶快处理掉。"

　　话说到这里了，那位副总肯定会有所意识，他不会任由危险发生的，那么工厂就会逃过这次灾难。可惜的是这是我们的预想，他们两个人并没有这样做，一个因为意识到了危险，所以显得很急迫；而另一个因为戴维的情绪而产生不快，也因为自己的面子受损，所以他"捂住"了自己的耳朵，别人说什么都听不进去。

　　沟通是一门艺术，也是成功者必不可少的一种能力。要想成功，没有人能够凭借一己之力走到最后，过程中我们总会需要别人的帮助，所以不要故步自封，浪费了自己的才能。不要让傲慢和自负控制自己，不愿听别人的意见，也不愿将自己的想法告诉别人，如果你的想法是好的，那么说不定通过与人沟通你会得到新的灵感；若你的想法是错的，那么别人也能及时予以纠正。这才是人与人交流的意义所在。若是你只顾自己赶路，不愿与人交流，那么注定你会过着庸庸碌碌、匆匆忙忙的人生。

　　当你还没有掌握高超的沟通方法时，你与他人的相处将会荆棘密布，每走一步都险象环生，你人生的机遇，也会在你步履蹒跚间一一错失掉。当你掌握了高超的沟通方法后，你与他人的一切交际都将变得简单，每一步都有可能寻找到机会，你会受到大家的欢迎，机遇将源源不断向你涌来。

　　想要拥有精彩绚丽的人生，就要从与他人有效的沟通开始，这是开启你人生辉煌之门的金钥匙。

学无止境，不想落后就多“磨刀”

身为年轻人，有一句话我们不会陌生："学到老，活到老。"这句话的意思就是，无论我们身处何种境地，都必须不断地学习。

这句话用在现代职场人身上再合适不过了，无论是刚刚走出校门的毕业生，还是已经磨炼了一段时间的职场人士，为了不断提高自己的竞争力，都要不断进行学习。就像一台电脑，必须不断升级，才能跟得上时代。否则，我们就会因为无法运行某个软件而在职场、事业之路上"死机"。

事实上，现在社会发展突飞猛进，知识更新非常迅速，而学习已经成了提升我们知识和能力的最重要的方式之一。当我们觉得自己无法胜任工作时，通过不断的学习就能做到，做个为公司解决问题的专家其实并不难，难的是，是否存有对自己永远不满足的进取心，永远保持好学好问的动力。只有我们保持这股动力，不断给自己充电，汲取能量，才能在职场上活力四射，越走越远。

或许一听说学习，有些人会想到上学时在书山题海中遨游，没完没了地拼命读书。虽然这也是一种学习，但是却属于被动的学习，也是应试教育体制下不得已而为之的学习状态。当我们进入社会，踏入职场之后，这时候的学习范围已经远远超过了书本，学习的概念也不仅仅是理论知识，方式也不是简单的背书、看书，目的更不是为了考试和文凭。

因此，我们要具备这样的情怀：学习的目的是为了发挥知识的能量，在它的助力下，让我们的劳动更大化地转变为业绩和财富。

在进入这家上市公司之前，李海涛在销售领域的经验几乎为零。

一个偶然的机会，他成了现在这家企业的销售员。

由于毫无经验，一开始接触客户，李海涛就出了状况，他紧张得双手哆嗦、额头直冒汗，而且说话结结巴巴，没有任何条理，对客户的问题更是一问三不知。当时和他一起共事的同事们都开始嘲笑他说："这样一个没文化的农村人能卖出产品，见鬼去吧！"

面对别人的冷嘲热讽，李海涛没有自暴自弃，而是毅然选择了坚持。他相信，自己终会一天会做得很出色的。至于怎么让自己提高，李海涛想到了学习这个渠道。他暗下决心，就算是硬着头皮，自己也要从零开始，一点点学习，做一个合格的销售员。

通过阅读一些在业界很被认可的销售方面的书籍，李海涛学到了一些知识，掌握了一些销售的门道。他迈出的第一步，就是"看着客人的眼睛"介绍产品。在和顾客交谈中，李海涛总是努力让自己把话说得简洁、流畅，同时他不放过每一个可以向别人学习的机会。另外，每当同事在和客户交谈的时候，他都在一旁静静地听着，学习他们的销售技巧。

就这样，通过不断的学习和实践，李海涛的业务能力得到了迅速提升。后来，李海涛所在的公司被竞争对手给挖了墙角，有一批业务精英离开了，但是他却没有舍弃公司，依然效忠于这个自己从零开始做起的"东家"。两年后，李海涛在该公司的销售队伍中脱颖而出，成了公司的顶梁柱。在年终员工测评活动中，李海涛当之无愧地成为了该公司唯一一名"金牌员工"。

李海涛之所以能够取得人人羡慕的成就，就是因为他能够清醒地认识到自己的不足，并愿意付出自己大量的时间和精力去学习，不仅"旁听"同事和客户的谈话，而且还自发买书苦读，这正是李海涛身上所具备的那股学习的劲头所产生的结果。

我们生来就是一个裸机，什么配置都没有，但是在日后，我们会通过学习不断充实自己。先天条件我们无法改变，对此我们可以说上天没有给我们好的条件，但若是经过漫长的一段时间后你仍在原地踏步，那么你就该反思自己了。因为在这段时间，你没有为自己注入新的东西。

现如今，我们的社会正在向学习型社会转换，这对传统的学习观、工作方式、生活方式都产生着重大的影响。面对着时刻改变的环境，无论你身处哪个年龄阶层，学习能力都是不可或缺的。在任何一个领域中，我们都要以新生儿的姿态去学习，这样才能获得有用的东西，才能真正的成长起来。

比起学习方法，我们应该先端正自己的学习态度，没有解决不了的难题，只要你肯去学。不管处于人生中的哪个阶段，学习都不该是一种被放弃的技能。唯有时时不忘学习，才能让自己的生活不断产生新动力，尤其是在工作中，我们更应主动去学习，这样才能在竞争激烈的环境中胜出，取得优异的成绩。

就如本田先生，他的成功，就在于不断提升自己。

尚未发迹前的本田宗一郎，曾在一家自行车修理厂做学徒工。他勤奋好学，很快就开了一家属于自己的自行车修理店。一晃八年过去了，他的自行车修理店越来越大，不过他并没有沉溺于享受，而是开始了新的学习。

为了提高自己的竞争力，本田宗一郎开始学习摩托车修理。与自行车相比，摩托车复杂了许多，但他并没有打退堂鼓，而是在业余时间不断钻研，不断提高自己的能力。

渐渐地，本田宗一郎感觉自己的技术有了明显提高，于是，他开着自己改装过的车参加了摩托车大赛。他发现，自己的车的性能是最好的，并理所当然地赢得了比赛。

这件事，给本田宗一郎带来了很深的感触。他自觉才疏学浅，又专程跑到汽车专科学校去做旁听生，只学知识，不要学位。从汽车专科学校学成之后，本田宗一郎成立了东海精机公司，后来改为本田技研株式会社，自任社长。

为了进一步学习，本田宗一郎将公司交给助手，来到欧美进行考察，并不惜血本买下所有先进的摩托车，回到日本后拆开细心研究。不到3年，本田技研株式会社生产的本田牌摩托车已超过了欧美的那些知名摩托车品牌，成为了世界范围内最受消费者欢迎的摩托车品牌。

按说，本田宗一郎已经到了可以享受的时候，但是他还不满足，决定进军汽车行业。1936年，第一部本田汽车被制造了出来。其后，本田以赶超福特为目标，向世界一流汽车生产商学习先进技术，博采众家之长，推出了既省油又美观大方的新型汽车。

相比于如今高学历的人，本田宗一郎的起点可谓很低，他没上过一天大学，只是一名小修理工，但是，这并不代表着他不能超越那些条件优于他的人，因为他能够不间断地学习。从确定目标的第一天，他就开始了持之以恒的学习，先是摩托，后是汽车，在全球范围内不断寻找学习对象，最终超越了强大的竞争对手，达到了人生顶点。

学习并不意味着上各种各样的培训班，实际上，学习的机会有很多。比如在工作中历练，在生活中发现，都是一个学习的过程。我们身边的每个人都有值得我们学习的优点，在这个信息爆炸的年代，我们处处都能发现机遇。而那些为自己找理由不学习的人，说到底，他们只是因为懒惰。

学习是每个人的必修课，没有人可以例外。

若想成功，人们会尽可能地去创造学习的机会。所谓的天才，不努力最终也会一无是处，就像年少成名而老来平庸的仲永那样。比起羡慕天才，还不如将时间放在学习上，这样你才有成功的可能。不管你生活怎样繁忙，已经获得了怎样的成绩，都要知道，学习，是不能忘记的。

　　面对着时刻改变的环境，想要成功，仅仅凭借着先天条件是不可能的，毕竟命运一开始给予我们的东西并不多，如果不能一直更新自己，那么你只能被甩到队尾，甚至面临着淘汰！为了达到目的，我们必须自主地付出努力。这样你才有可能超越那些领先的人，才有可能创造奇迹。

头脑中的睿智，是谁也拿不走的

孔子说："三人行，必有我师焉。"每个人的经历不同，生活经验不同，考虑事情的角度不同，对同一个问题得到的结论必然不同。特别是那些有深厚经验的长者，看得多见识得多，有时依仗直觉就能做出准确的判断。

在古代，高官们大多拥有自己的"智囊团"，聘用有智慧的人做自己的幕僚，下判断之前先让幕僚们商议，给出参考意见，为的就是防止自己刚愎自用，考虑不周，给自己招来祸端。而智囊团的集体智慧，能够保证制定出的政策稳妥，不出现疏漏。一个人的思维力度和广度总是有限的，善于把别人的想法应用在自己的实践中，是成功者的一大特征。

同样一棵树，天上的鸟看到的是一块可以筑巢的绿地，地上的蚂蚁觉得这是一座高楼，啄木鸟当它是病人，行人当它是暂时的遮阳伞。你是不是总觉得事情太复杂？那就多去了解别人的说法，了解得越多，对事情的评价就越全面。

人与人的交往也是一样，你愿意听别人的心声，遇事愿意站在别人的角度想一想，让对方知道你考虑了他的利益，他的立场，他就能看到你待人的诚意，解决问题的诚意，你们就容易形成一个"共识空间"，相处时互相尊重，有冲突时各自为对方退上一步，你们的关系就会比其他人更加稳固。

不论在事业上还是生活中，肯听人一言的人，总能收益良多。人们常说"不听老人言，吃亏在眼前"，这个"老"，并不单单指年龄，还有经验。做什么事听听别人怎么说，耐心询问别人的建议，只会让你的计划更加周全，目标更加确定。当然，也有一种人耳根子特别软，别人说一句，他就变一次，这样的人连自己的主见都没有，先回去修炼一下何谓"自主"，再来向别人学习吧。

K先生是某家广告公司的创意总监，每年，公司会在大学生毕业的时候招一批新人，填补职位空缺，补充新鲜血液。K先生说："扭转新人的自我思维模式，是我们每年都要花大力气做的事，今年也如此。"

什么是"自我思维模式"？就是刚刚毕业的新人们总是觉得自己的创意是最好的，听不进别人的意见，不会根据他人的想法完善自己。K先生说，有些年轻人身上的才气的确吸引人，他们的想法总能让人眼前一亮，但是，如果他们不懂向前辈学习，不懂如何把自己的方案加入让客户满意的元素，不懂在细节处下工夫，他们的想法再好也没用。

K先生还说，十年前的他也是这样一个新人，来到公司后恃才傲物，根本瞧不起老前辈。当时的创意总监每拿到一个项目，都会召集所有人开会，创意总监说："让我们讨论一下这次广告的具体方案吧。"然后大伙七嘴八舌地开始讨论，K先生觉得他们的讨论既没有新意，也没有营养。他甚至觉得这个会议只是个"过场"，反正最后总监都会采纳K先生提的方案。

总监对K先生的"自信"表示忧虑，接连找他谈了几次话，K先生的态度还是那么"嚣张"。最后，总监要求K先生单独做一个产品的企划，然后在开会时说："这几天有一个洗发水项目，我做了一个企划，大家提提意见。"

K先生还没理解总监为什么说那个企划是他做的，就听同事们七嘴八舌地开始提意见：

"创意足够好，成本太高。"

"这个洗发水是新牌子，没有口碑的情况下做这种广告，有点冒险。"

"男女主角街头偶遇的元素可以保留，其余还需要重新想。"

…………

整整一个上午的会议，K先生终于开始认识到，自己想到的方案并不是那么十全十美，公司的同事们也并非他想象的那么"没用"，他们在行业里浸润多年，目光老辣，让他们提新点子未必有，但却一眼就能看出方案中的漏洞。K先生最感谢的，恐怕是总监说那方案是他自己的提案，维护了他的面子。

从那以后，K先生开始参与讨论，开始重视他人的意见，即使别人不愿意提，他也会找那些有经验、有想法的人不断追问。他的能力越来越高，拿出的方案越来越成熟，很快就成了一位优秀的广告人。他经常把自己的经验告诉新人，用"一定要听别人的意见"教育新人，这种观念已经渗入了他的生活，成为了他的行为准则。

现代创造学奠基人，美国的奥斯本提出了有名的"头脑风暴"概念。头脑风暴，是指一群人对同一件事物产生兴趣时集中讨论的情境，没有拘束，没有规则，任何参与会议的人都可以畅所欲言，进而把思维引向崭新的领域，产生新观点、新方法。这一概念被广泛地运用到各个学科，各行各业。K先生所在公司的每次会议，就是"头脑风暴"的一种形式。

头脑风暴的效果显而易见，只要参会者都愿意说出自己的想法，全部人员开动脑筋，永远好过一个人闭门造车。大家的意见相辅相成，即使争论，也能使最终的方案达到最优化。"风暴过后"，风景不再相同。所以，人们愿意运用这个方法，促进事情的解决。

对个人而言，"头脑风暴"给我们的最大启示，就是一种"听别人意见"的思维方法，同时，也是一种做事的态度。我们思考问题，苦于没思路，没创意，不全面，不切实，每个人的思维都有其固有的模式，自然有优点也有缺点，想要改善和补充，最好的办法有两个：

一是不断充实自己；二是向别人学习，后一个方法最直接，也最有效。

人生路，自己走，但路上你会遇到很多过客，每个人都有值得你学习的地方，能力是自己的，只有不断从别人身上吸取教训、经验，你才能不断完善自己，不断成长。这个世界上，谁都不一定比自己强，反过来说，谁也不一定就比自己差，只有懂得学习和思考的人，才有可能成长。

经常与别人交谈，与别人探讨，听听他人的看法，看看他人的做法，会让你的思维有更多的角度，让你在思考问题时有更多切入点，自然就会有更多的方法，成功的机会也就随之增多。记住这句话：思考，不只要用自己的脑子，还要用别人的脑子。

你战胜苦难的能力越强，胜算越大

没有人会喜欢苦难，但既然苦难已经横亘在人生路上，就有它存在的价值。在人生路上，它的存在价值是给我们历练，让我们跨越，通过它不断成长。对于我们个人而言，它存在的价值就是被克服。

但是有些人误解了苦难的意义，在苦难的阴影下失去自己，失去了对未来的希望，失去了对生活的信心，浑浑噩噩地度过每一天。但也有些人深知苦难是成长的阶梯，所以在经历苦难的锤炼之后变得更加坚强果敢，更加无法被打倒和击败，在人生的道路上走得更加从容和自信。

苦难，是我们最好的大学。对年轻人来说，吃苦是成功前必须要经历的过程。在大环境不景气的情况下，每个人都应有意识地培养自己的抗压能力和好心态，不要盲目夸大自己目前的窘境，尤其不能被想象中的苦难吓倒。

美国作家斯蒂芬斯说："每场悲剧都会在平凡的人中造就出英雄来。"纵观历史，不同时代不同国度，确实有许多英雄人物都经历过不幸。比如《史记》的作者司马迁曾经被处以极刑；《红楼梦》的作者曹雪芹家道中落，曾饱尝数十年食不果腹的贫寒日子；《命运交响曲》的贝多芬正值大好年华时竟两耳失聪。

真正坚毅的灵魂决不会因为遭遇苦难而沉溺于悲观。没人喜欢生命中晦暗的那一段时光，但就像我们说的那样，晦暗的日子只是一段，时间不是静止的，一切都会动起来，没有不散的阳光，更没有过不去的苦难。

那些英雄在悲剧发生之前也曾是这个世界中的无名小卒，是悲剧成就了他们，让他们的声名和光辉在生命消逝百年之后依然被人们所铭记。

这样的英雄，并不在少数。

米切尔本是一个身体健壮的青年人，但是悲剧在这一天突然降临，心情愉悦的他正骑着摩托车飞快地奔驰在一条笔直的公路上时，车祸发生了。

车行一半，当他习惯性地扭头看后方是否有车开过来时，没想到行驶在前面的大卡车突然刹车。电光火石间，来不及做任何反应的米切尔，为了保住性命，闪电似的将摩托车的把手压低，让车身侧倒滑进卡车底下。

没想到，就在这个危急时刻，摩托车地油箱盖突然绷开。悲剧不可抑制地发生了，油箱里的汽油溅洒出来，被摩托车和马路摩擦出的火花引燃。

当米切尔恢复意识时，全身70％的皮肤已被烧伤的他已经在医院的病床上躺了好几天。伤口让他痛得不能动弹，甚至连呼吸都极为苦难。但是，米切尔并没有因为疼痛而放弃求生意志，他不断地告诉自己："无论如何，我一定要活下去。"

很长一段时间，米切尔都生活在疼痛中，后来，他终于靠着坚强的意志力挺了过来，并且重新开始了新的人生与事业。可惜，命运又一次捉弄了他，因为一次飞机失事，米切尔的下半身从此瘫痪了。

在接二连三的不幸打击下，米切尔委屈地想要大哭，但更多的时候，他是斗志昂扬的。就是在激昂的斗志下，身有残疾的他在当时成了美国最活跃的成功人士之一。除了事业有成外，更进入国会，在1986年时，他还当上科罗拉多州的副州长，并且多次进行巡回演讲。在某次演讲中，他说："因为这些不幸经历，让我真正地体验到生命的成功与喜悦。"

对于苦难，大多数人首先想到的不是如何战胜它，而是感到害怕和恐惧。即便本身不算是太苦难的事，也能被人想象成巨大的难以战胜的苦难，从而产生恐惧心理，最终被想象中的苦难吓倒。

人们总会不由自主地害怕黑暗，但是仔细想想，黑夜也会过去，更何况，有时想象出的各种可怕的情景，事实上多数不会发生，只是自己想象而已。有人曾说，黑暗并没有什么好怕的，打开室内的灯，我们就能驱除内心的任何一种恐惧。我们要知道，有些时候，我们都是在自己吓自己。我们并不是被苦难击倒，而是被自己的坏心态打败了。

自然界中到处都充满着苦难。物竞天择、优胜劣汰的规则是残酷而无情的。人类社会同样到处遍布着痛苦。新与旧、生与死、野蛮与文明无时无刻不在激烈地对抗、搏斗。我们从降生的第一天起，就不可避免地与各种苦难做着斗争。

年轻人会在生命的发轫之初遭遇诸多的不顺，但每个人都是在苦难中成长进步的。苦难给予我们的是勇气和财富。被人们称为"苦难大师"的美国总统林肯，几乎是在苦难中泡大的，他先后经历了少年丧母、中年丧妻、老年丧子的重大打击，人生的道路上更是磨难重重，但他仍然坚强不倒。

既然如此，我们何不把苦难当成一所大学呢？对怕苦者来说，艰难困苦是一个大大的包袱；对吃苦者来说，却能从中找到知识的财富。当我们能战胜苦难时，也就从这所大学毕业，获得了在社会中生存的资本。

人生没有过不去的坎儿。这个世界好像从来都离不开苦难，凡是有人的地方就必定有痛苦的存在，这是因为人活着不光是自然与社会的主体，更是独立的精神主体。生离死别、恩怨情仇、失败成功等时时刻刻犹如蛛网一样交织在我们心头。

天将降大任于斯人也，必先苦其心志，劳其筋骨，饿其体肤，空乏其身，行拂乱其所为，所以动心忍性，增益其所不能。当上天要将一件重大的任务交给一个人时，定要先让他经历种种考验，以此磨练他的心性，让他增添原本没有的能力。苦难是为了让人变得更强大，如果我们能从生活的每一次坎坷中汲取前进的力量，我们就能够获得更加坚挺的脊梁，就能开创出一个崭新的人生。

天空不可能每天都是晴空万里、阳光明媚，我们的人生也会有阴云密布、狂风暴雨。晴朗和阳光带给我们灿烂风景，而狂风暴雨带给我们勇气、毅力、坚韧不拔等种种财富。苦难不只是折磨，更是考验，是将我们人生的原石雕琢成珍品的过程，一切苦难都是为了让我们变得更加强大。

苦难就是我们最好的大学，主动走进这所大学，去迎接挑战而不是逃避，你就能在这所大学中修成正果。

世界上最深的"水"是潜能

一个人的极限在哪里？恐怕这个问题没人能回答上来，因为人们有着一种特殊的能力——潜能。这种能力可以说是我们的，也可能并不属于我们。为什么这样说呢？举个例子好了，潜能就像是自家土地下深埋的金子，虽然它在自家地下，但不去挖掘，这种东西不能说是你的。

看看周围的人吧，有多少人总是抱怨自己不堪重负？其实这些人不是不能承受这些压力，而是不想去面对这些。成功人士哪一个不比我们遇到的困难多？哪一个不比我们的压力大？但他们仍旧能够坚持走下去。说到底，是因为他们开发了自己的潜能，提升了自己的能力。

在一则新闻当中，说有个孩子情急之下为了救母搬动了汽车，在众人看来这简直不可思议，但奇迹就这样真实地发生了，因为在关键时刻，男孩渴求救母的欲望化成了一种无坚不摧的能量。每个人都有可能创造奇迹，只要你能够豁出去，选择拼搏。

小山真美子是日本札幌的一位年轻妈妈，她天生就具有矮小的身材。一天，她正在楼下晒衣服，突然看到她4岁的儿子从8层的家里掉了下来，马上就要到地上了。

见状，小山真美子飞快地奔过去，赶在孩子落地之前将孩子接在了怀里，结果，她和儿子只受了一点轻伤。

该则消息很快就在《读卖新闻》发表，日本盛田俱乐部的一位法籍田径教练布雷默对此非常感兴趣，这是由于他按照报纸上刊出的示意图，仔细计算了一下，从20米外的地方接住从25.6米的高处落下的物体，一个人须跑出约每秒9. 65米的速度才能到达，就是在短跑比赛中，这个速度也是无法可以达到的！

后来，布雷默就专门针对这件事找到了小山真美子，问她那天是怎样跑得那么快的。小山真美子回答道："是对孩子的爱，因为我不能看到他受到伤害！"于是，布雷默得出了一个结论：实际上，人的潜力是没有极限的，只要你拥有一个足够强烈的动机就能将潜能挖出来！

回到法国以后，布雷默专门成立了一家"小山田径俱乐部"，以此激励运动员要更好地突破自我。最终，布雷默手下的一位名叫"沃勒"的运动员在世界田径锦标赛上获得了800米比赛冠军。

当媒体记者争抢着问及如何在强手如林的比赛中夺冠的时候，沃勒轻松地回答道："小山真美子的故事一直激励着我，因为在比赛的时候，我就始终想着，我就是小山真美子，我飞奔着是要去救我的孩子！"

不得不说，小山真美子能创造短跑速度的奇迹，凭借的是她在瞬间爆发出来的潜力。而沃勒之所以能够夺冠，也是因为他受到了小山真美子救子的激励，将自己体内的潜能挖了出来。如此看来，每个人都具有潜能，它就像一座大"金矿"，蕴藏着无穷的力量和动力。如果我们要想获得事业上的成功，肯用积极的心态将潜能发掘和利用起来，它一定会助我们一臂之力。

一般情况下，有不少人都认为，他人做不到的事情，自己一定也是做不到的，于是，就会习惯性地安于现状，决不会主动去改变现状，这样一来，潜能自然就得不到开发，并且，最可怕的是，它还会随着我们年龄的增长而慢慢退伍。

曾有专业人士调查研究，得出了这样的结论："凡是普通人，其实只开发了蕴藏在自己身上的十分之一的潜能，可以说，每个人不过都处于半醒着的状态。"是啊，我们的身体就如同一个宝库，潜能就蕴藏于其中，只是我们都未接受过相关的潜能训练，所以，我们的潜能根本就不能很好地发挥出来。一旦将我们身上的潜能挖掘出来，这在我们的一生中就能够起到"点石成金"的重要作用。

在现实生活中，也只有那些勇于挑战，具有强烈企图心之人，才能将潜能挖掘出来，从而取得辉煌的成就。

大家一定熟知班·费德雯，他在保险销售行业里，真可谓是一位杰出人物。

他在连续数年达到了十万美元的销售业绩，并成为了大家所追求的、卓越超群的百万圆桌协会会员。

他在约五十年内，平均每年都达到了将近三百万美元的销售额。除此之外，他的单件保单销售曾做到了两千五百万美元，甚至一个年度就超过了一亿美元的业绩。曾经有过数字统计，在他的一生当中，他共销售出去了数10亿美元的保单，高于整个美国百分之八十的保险公司销售总额。

可以说，在销售保险的历史上，没有任何人能够超越过费德雯，然而，他实现的这一切，确是在他家方圆40里内，有1.7万人，一个叫做"东利物浦"的小镇上创造出来的。

在谈到自己的成功时，费德雯不无感慨地说："我之所以能够获得成功，是因为我有一颗强烈的企图心。而那些对自己的生活方式与工作方式完全满意的人，他们却陷入了一种常规。如果这些人既无任何鞭策力，也没有企图心，那么，他们也只能在原地徘徊。"

潜能成功大师安东尼·罗宾曾经这样说过："并非大多数人命里注定不能成为爱因斯坦式的人物，任何一个平凡的人，只要发挥出足够的潜能，都可以成就一番惊天动地的伟业。"可以说，发挥潜能的程度是由自己的勤奋度决定的，凡是积极进取的人，都能深度挖掘自己的潜能；凡是消极懈怠的人，任何事情都会抱以"得过且过"的态度，潜能自然就得不到开发和利用。

二十世纪的科学巨匠爱因斯坦，逝世以后，科学家们便开始研究他的大脑，最终得出了这样的结论：无论是从哪个方面衡量，爱因斯坦的大脑都和常人一样，并没有什么特殊性。其实，这就说明了一个问题，爱因斯坦之所以能够取得常人不能取得的成功，关键就在于他超乎常人的那份勤奋和努力。

所以说，不管我们处于人生中的哪个高峰或哪个低峰，都不要陷入满是怀疑、否定的沼泽地里，而是要以积极的心态将潜能挖掘出来，因为无穷的潜能才是帮助我们创造人生奇迹的有利基石。

控制情绪才是成就伟大事业的基础

冲动是思想上的"魔"，当冲动的魔鬼涌上心头时，就会在一定意义上丧失理智，做出一些不理智的举动，明知不可为而为之，到头来只能给自己和别人带来极大的损失和痛苦。

人们常常感叹："世上没有后悔药。"路是自己走出来的，可为什么世人却又对后悔药念念不忘呢，很大的原因，就是任凭一时冲动做了事，造成的结果再也不能更改。

人与人之间发生误会是正常的，如果时时冲动，那么我们将一直生活在悔恨中。小到做人，大到治国，皆是如此。冲动会让人一时头脑发热，对周边的环境、对自身的现状都缺少客观而清醒的认识。如此，失败便是不可避免的。在关羽败走麦城、惨遭杀戮之后，作为兄长、作为一国之君的刘备，终究没能沉住气，因一时冲动造成了无法挽回的悲剧命运。

刘备历尽艰辛，终于拥有了东西两川和荆州之地，创建了帝业。然而由于关羽的失误，荆州被东吴所夺，关羽也被算计杀害。

刘备听闻，悲愤交加，立刻要起兵伐吴，发誓要为关羽报仇。

赵云劝说道："当今的国贼是曹氏，并非孙权。曹操虽然死了，但曹丕却篡汉自立为帝，神人共怒。陛下应该讨伐曹丕，而不是剑指东吴。倘若一旦与东吴开战，就不容易立刻停止，其他大计就无法实施，还望陛下明察。"

刘备心知这番话的道理，确是审时度势之言。然而，兄弟之情让他的心中已充满了复仇的冲动，一心向战。他对赵云说："孙权杀害了我的义弟，还有其他忠良志士，这是切齿之恨，只有食其肉而灭其族，方能消除我心中的仇恨。"

赵云再劝道："曹丕篡汉的仇恨，是大家的仇恨；兄弟之间的仇恨，是私人的仇恨。希望陛下以天下为重。"

刘备甩袖反问："我不为义弟报仇，纵然有万里江山，又有何意？"遂起兵伐吴，欲扫平江东。但最后落得个火烧连营，白帝托孤的下场。

刘备的这一决定显然不是建立在冷静的心态之上的，他已完全被自己悲伤和愤怒的情绪所控制，冲动办事。由此使他失去了应有的理智，丧失了审时度势的能力，不但复仇未成，还把自己的性命赔上，而初有所成的蜀国帝业也受到重创。

这样的失败对于刘备而言，可以说是灭顶之灾。冲动办事的结果常常是彻底的失败，且越冲动，造成的损失越大。

一意孤行的刘备就是被冲动左右了的人，在这一点上，比之同时期的曹操就好多了。曹操也曾遭受家人被害的惨痛，也曾有过切齿之恨，可他最后的选择却与刘备相反。

曹操平定了青州黄巾军后，声势大振，拥有了一块稳定的领地，于是派人把自己的父亲曹嵩接来，同乐尽孝。

曹嵩带着一家老小四十余人途经徐州时，徐州太守陶谦想借此交好曹操，便有意奉上一片好心，亲自出境迎接曹嵩一家，并连续两日大设宴席，热情款待。

礼节到如此地步应算是非常尽心了，但陶谦讨好心过重，好心却办了坏事。他派兵士五百人护送，可谁知护送的这批人中竟有黄巾余党，当初归顺陶谦只是一时之屈，归顺后也并未得到任何好处。如今看到曹家财宝数车，便起了歹心。兵士一行人半夜杀了曹嵩一家，抢光了所有财产，夺路而逃。

曹操接到报告，咬牙切齿道："陶谦放纵士兵杀死我父，此仇不共戴天！我定要亲起大军，洗劫徐州！"

然而，当曹操率军攻打徐州，欲报仇雪恨之时，情况发生了变化。陶谦慌恐中向孔融求助，而孔融又找刘备帮忙，于是刘备向公孙瓒借兵以解徐州之围。在两方对峙的时候，吕布在陈宫的劝说之下偷袭了曹操大营兖州，占领了濮阳。

这边大仇未报，怎料又生其他枝节。曹操虽然报仇心切，但同时又十分冷静地分析，认识到自己处境的严峻性："兖州失去了，就等于让我们没有了归路，不可不早作打算。"

于是，曹操便咬牙停止了复仇计划，拔寨退兵，去收复兖州。由于克制下了一时的冲动，曹操摆脱了这次危机，保住了自己的地盘和势力。

如将曹操的遭遇与刘备的情况进行比较，不难看出，刘备仅失去了一个义弟关羽，而曹操却痛失了一家老小四十余人。从情理上讲，曹操的仇恨应该更加强烈、更加难耐，可他没有完全被复仇的冲动所左右，感情冲动后仍能清醒地察觉危机，冷静地把握事情的发展趋势。与之截然相反，刘备在意气之下，没有认识到东吴根基已久，孙权善用贤能，上下团结，绝非如刘璋之辈似的软弱；同时北边曹丕虎视眈眈。在尚需稳定政权、巩固人心之时，只有连吴抗魏，方能长治久安。彼时的刘备眼里，只有义弟云长的身影，桃园之情、同生共死之义充斥在他的内心，从而实施了伐吴复仇之计，其失败是注定的。

生活中不难见到因为冲动而做出后悔之事的人，那些法制节目中泪流满面，身穿囚服的罪犯，很多都是一时冲动犯下了错。虽然我们不曾犯过法，但细数过往，或许也有因为冲动而失策的时候，但是后悔是没有任何实际意义的，比起想办法补救，不如在一开始就遏制住，更何况，大多数的时候我们都没有挽救的办法。

如果你无法抑制自己的冲动，那么就让时间来抑制。当情绪上涌的时候，在心里默默地数几个数，先不去想这个让自己情绪沸腾的事情，直到时间让我们平静下来，一切才算开始。

物无美恶，过则为灾，控制好情绪，挺得住冲动。遇事沉得住，才能使目更明、耳更聪，才是图谋远虑之举。

当你足够好，才会值得爱

鱼玄机说："易求无价宝，难得有情郎。"李贺说："天若有情天亦老。"可见，爱情如此难得，在茫茫人海中，和一个人相遇、相知、相爱又有多么不易。为了维护爱情，不少人低头了，妥协了，小心翼翼地迎合着对方……都说爱情当中付出最多的一个人就输了，这句话不无道理，因为在爱情中自己爱对方多一点，就总想着通过卑微的方式获得对方的应允，期望一直留在对方身边。

这样的爱情真的是爱情吗？还是你自己一个人的独角戏？爱情是两个人相互扶持，彼此付出。爱情固然可贵，但你不能因为爱情就抛弃了自己。若是成功的爱情，你会通过对方看到一个更为广阔的世界，但若是你抛弃了自己，那么你的世界就只剩下了对方。活在爱情里有什么不好？没什么不好，只是没有其他，只有爱情，爱情也会被饿死的。

黎青来自农村，她温柔大方，勤奋努力，以全校第一的成绩毕业于一所重点大学后，在学校领导的推荐下就职于一家英语教育培训学校，认识了气质儒雅，阳光开朗的同事小白。两个年轻人互有好感，不久就喜结连理。

婚后，黎青深知自己来自农村，父母都是农民，而小白是城市户口，父母都在不错的事业单位上班，于是一进婆婆家，她就将家里大大小小的家务活都承包了，在小白面前总是小心翼翼，想尽办法讨好他。也许，正是在那一刻，她新婚的羞怯不可救药地变成了自卑。

很快，黎青就发现小白好吃懒做，而且一有不如意就把气全撒到自己身上来。开始时黎青还跟他顶嘴，结果小白开始表现出一副不冷不热的样子，黎青只好宽慰自己小白是独生子要让着他，任由他冲自己乱发脾气。

黎青怀孕后，父母来城里看望女儿。小白虽然礼貌接待岳父岳母，周全得无可挑剔，可明眼人一眼都能看的出来他眼神里那一股居高临下的不屑。黎青有些不高兴，但父母的确是大字不识一筐的农民，文化素质不高，所以她忍住没有批评小白。

怀孕期间，小白经常与一群朋友们在外面玩耍，有时回来的很晚，有时夜不归宿，甚至后来他在外面有了女人。待小白和自己摊牌后，黎青为了维护这场婚姻，仍然选择了容忍，只是她不明白自己如此宽待小白，为什么受伤的总是自己呢？她在挣扎，在困惑，也在伤心地爱着。

一代才女张爱玲曾说过："女人在爱情中生出卑微之心，一直低，低到尘土里，然后，从尘土里开出花来。"

其实，现在不仅仅是女人会这样，就连男人面对自己的爱人时也会有一种小心翼翼，貌似不将对方捧上天，自己不低到尘埃里，就是不够爱，就是对爱情的一种亵渎。可是，他们忘了，无论是在爱情里，还是婚姻里，卑微是留不住人心的。试想，当你自己把自己看得卑微了，牺牲自我，放弃尊严，你的他又怎会瞧得起你，把你当回事呢？你爱得越是卑微，越会加速他离开你的步伐。

张爱玲深爱着胡兰成，爱他的风流倜傥，爱他的才华……她从上海去胡兰成暂居的温州看他，她说："远远地看到了温州，我的心里是多么激动，觉得它那么熟悉，因为你就生活在那里……"但是胡兰成呢？他在赞美张爱玲的时候，也一样的赞美着她的好朋友炎樱；甚至他与她在一起时，还偷着与苏青密会。胡兰成固然是错，但张爱玲的卑微是不是长久以来一直在给他这么一个犯错的机会呢？

事实上，所谓婚姻，即一个男人与一个女人决定要一生一世生活下去的决心，彼此相互照顾，相互关怀，相互帮助，并且生儿育女，保证人类血脉延续。在此期间，你没有必要牺牲自我，放弃尊严，做挥之而来，呼之而去的出气筒，或者奴隶、下人。爱再怎么可贵，也一定要爱得不卑不亢，关注自身的力量，这样才能让另一半对你又爱又敬，你才能在一个家庭中拥有地位，婚姻生活才会幸福得冒泡。

下面这个故事就很能说明这一点：

玛格丽特·米切尔，美国现代著名女作家，为中国读者所熟悉的美国著名小说《飘》（由小说改编的电影名为《乱世佳人》）的原作者。由于母亲早逝，玛格丽特不得不从中学辍学操持家务，如同《飘》中的女主人公郝思嘉一样，她生来就有一种反叛的气质。

成年后凭着一时的冲动，玛格丽特嫁给了酒商厄普肖，但这段婚姻不久便以失败告终。与其说是厄普肖冷酷无情、酗酒成性，不如说是玛格丽特的婚姻爱情观的具体体现。因为尽管知道厄普肖有不少缺陷，她都深深地迷恋着对方，甚至是一种仰天崇拜的姿势，这无疑助长了厄普肖的狂放不羁，对玛格丽特越来不在乎。

这场婚姻的不幸，让玛格丽特明白了女人在婚姻中的平等性。之后，她很快便重新振作，嫁给了记者约翰·马什。玛格丽特打破当时的惯例，在门牌上写下了两个人的名字，她说："我要告诉所有人，里面住着的是两个主人，他们是完全平等的。"更让守旧的亚特兰大社交界惊讶的是，她不从夫姓。

好在约翰·马什也提倡夫妻之间的平等，同他的这次结合是玛格丽特的幸运。马什一直支持和深爱玛格丽特，也正是在他的鼓励和支持下，玛格丽特开始默默从事她所喜欢的写作，十年后《飘》正式出版，她一夜成名。

爱情和婚姻，都是需要平等的，这种平等取决于你对自身的珍爱和尊重，也取决于你的个人实力。从来都是这样，只有势均力敌，才会造就平等和所谓的公平。

每个人都期盼一份好的爱情，一个好的Ta，却总是忘记将自己变好。要知道，物以类聚，人以群分，你站在怎样的高度，便只能遇见怎样的人。

孙丽是个漂亮女孩，颇有文采，上学的时候就常常能吸引异性的目光，而她只倾心于一个和她同样热爱文学的男生。两个人相爱了，并很快手牵手一起走向毕业。

校园生活结束后，孙丽的男友去南方打拼，而孙丽则留在读书的城市做了一名文字编辑。这段时间，孙丽继续坚守着自己的文学梦想，同时还等待男友的归来。

为了打发时间，孙丽想起了小时候跟奶奶学的用红绳子打结的手工活，于是每次都把自己打好的同心结放进写给男友的信里，象征着对男友的思念。然而，这个举动不但没有把男友盼回来，反而带回了一个请柬，他的男友要结婚了，对方不是她。

孙丽失恋了，但她并没有就此消沉，她是个自立并坚强的女孩，她还有梦想。从此以后，诗歌成了她的寄托。一次偶然的机会，孙丽认识了一个朋友，闲谈时，朋友劝说她，文学不能当饭吃，搞文学也要食人间烟火，正是这句不经意的话点醒了孙丽，要想继续自己的梦想，就要打好物质基础。

冥思苦想之后，孙丽发现中国的手工艺制品很受欢迎，于是她想到了奶奶教给她的编结方法。有了初步的雏形之后，孙丽买了一大堆绳子，四处求访，不断打磨自己的工艺，终于她编织的图案越来越丰富了。

一开始，孙丽并没有资金做宣传，她就自己推广，印了一些便宜的传单，发散到每一个地区，为此，她没少吃苦头，但孙丽咬牙坚持下来了，没有向任何人求助。

几年之后，孙丽终于让更多的人认识了"中国结"，而它们精美的图案更是让人赞叹不已，购买的人越来越多。孙丽没有就此止步，她在中国结的基础上又开发出许多具备现代时尚气息的饰品。如今，她的中国结遍布全中国，甚至畅销海外。就是这样一个普通的姑娘，成就了一番大事业。孙丽依靠自己，活出了自己的美丽。当然，她的出类拔萃也吸引到了一位优秀的年轻才俊。

真正的相爱不是简单的相互取暖，而是必须保持精神和思想的独立，与对方不分伯仲、势均力敌，然后共同成长为更好的人。

与其将全部的爱放在他人身上，不如留一份爱给自己。依靠自己的能力，才能活成自己想要成为的样子。

与其白日做梦等待一份好的爱情，不如将自己打磨得闪闪发光。当你足够好时，相信总会有一个足够好的Ta自动靠近。

待你内心强大时，就什么都不会怕

钢铁钢铁，钢是由铁锻造，却不是铁。百炼成钢，没有经过无数次的敲打、锻造，铁永远只能是廉价的东西。这就像是我们人一样，不经过磨砺，永远无法成大事。就算有成大事的机会，也不会有成大事的气魄。

太把苦难当回事，生活中就只能看见痛苦；内心强大的人在困难面前百折不挠，最终就连挫折和苦难都会为他开路。

在世界天文学领域有着突出贡献的开普勒是一个伟人，但在他成为伟人之前，却遭遇了无数艰辛。

从开普勒出生开始，苦难就找上门了。因他没能在母亲的身体里待到足月，仅仅七个月的时候就来到了人间。没有发育好的身体让他非常瘦弱，年少时经常疾病缠身，而他的父母之间又不和睦，总是吵架，让他的童年过得非常痛苦。

因为父母之间恶劣的关系，开普勒不得不和祖父母住在一起。不过这并没有让他逃离苦难，在1571年的时候，开普勒得了天花，父母将他接回了身边，带着他一起去了雷昂贝格，还安排他进入了一所拉丁文学校，看似幸运女神光顾了，但事实并非如此，天花毁掉了他的容貌，让他脸上长了麻子。

不过开普勒并没有因为这样就感到自卑，他为了能够学习感到兴奋。他比同校的任何一个孩子都努力，加上他天生聪慧，很快就获得了不错的成绩。可是接下来的猩红热又弄坏了他的眼睛。似乎每当生活好一点的时候，灾难就会准时找上门。但开普勒不信邪，他开始付出更多的努力去学习。

　　凭借顽强、坚毅的性格，开普勒的成绩遥遥领先于自己的同学。可是，后来由于父亲欠债的原因，开普勒不得不离开学校，就此失去了珍贵的学习机会。或许是磨难让他的内心变得无坚不摧了，他并没有抱怨自己的人生，抱怨自己的父母，而是一言不发地开始了自学生涯。在自学的过程中，开普勒对天文学产生了浓厚的兴趣，他开始涉足这个领域。

　　后来，他凭借自己的能力获得了硕士学位，得到了第谷的赏识，成为了他的助手，还出版了自己的著作——《宇宙的神秘》。人生难得一知己，对于他而言，第谷是自己的良师益友，可就是对他这样重要的一个人，第二年也不幸离开了人世……

　　后来，开普勒的妻子也先于他去世，因为体质原因，开普勒时常遭受疾病的困扰，可这一切从来都没能阻止他前进的脚步。最终，他终于发现了天体运动的三大定律，摘取了科学的桂冠。

　　人生总有痛苦和磨难，熬过一次容易，次次熬过不易，也正是如此，很多人在负重前行的路上倒下了，因为被困难折磨够了，难以坚持了。可一时的勇气谁都有，一时的勇气不能算勇敢，唯有持久的勇气，坚定不移的信心，才能让自己一路披荆斩棘。

　　或许你哀叹自己的人生太平凡，想要翻身却有太多的阻碍。可是看看开普勒的人生，你还有什么好抱怨的呢？有人会说自己缺少资本，可资本是什么？健康的体魄就是资本，坚定不移的信心就是资本……人生本就一无所有，只有拼搏才能得到一切，没有资本不是问题，不肯自己创造资本才是问题。

　　伟人能忍常人所不能忍，所以才成就了伟业，若是你能经得起生活的反复折磨，你才能成就伟业。即便你没能站在世界顶端，也能培养出强大的内心，让你未来的路上不惧任何挫折。

　　没人不知林肯的大名，他是美国历史上颇有作为的一位总统。人们时常缅怀他，世界上仍旧诉说着他做出的那些贡献。可是在他成为总统之前，这个世界对他似乎并不友好。

1832年，林肯失业了，对于任何一个社会人而言，失业都是一个不小的打击。可林肯并不这样认为，虽然伤心，但他也相信这是人生的一个转折点，所以他选择了从政。当然，事情并没有他想的那么容易，在州议员竞选的过程中他失败了。就这样，一年之内他就遭受了双重打击。

政途受阻，林肯只得下海经商，可他似乎不是一块经商的料子，短短一年的时间，他的公司就倒闭了。因为这一年的失败，他经受了整整17年的折磨，因为在之后的17年里，他一直在为公司倒闭的欠债而四处奔波。

经商失败让林肯确定了自己从政的信念，于是他又参加了州议员的竞选，这次幸运女神似乎看到了他，给了他人生第一个转机——他竞选成功了。

在事业成功的同时，爱情也悄然而至——林肯遇到了想要相伴一生的女人。然而，幸运女神并没有在他身边过多驻足，或者是认为他拥有的太多了，所以在结婚前的几个月，她带走了林肯挚爱的女人的性命。

这种打击对于林肯而言实在是太大了，人生可以改变，但逝去的生命是永远无法挽回的。被绝望吞噬的林肯病倒了，几个月的时间都卧床不起，还患上了严重的神经衰弱。

林肯给了自己沉淀的时间，却不准备让自己就这样沉沦下去。在1838年，身体好转一些后他再次参加竞选，这次他想要参选州议会的会长，不过命运并没有因为可怜而眷顾他，他依旧失败了……可林肯是经历过大风大浪的人，他相信，任何一次失败没有将他打倒，都是他继续奋进的理由。未来的自己只有被真正的打倒，或者是真正的胜利！

之后，他经历了无数次失败。

　　1843年，林肯参选国会议员，以失败告终；1846年，林肯二次参选国会议员，虽然成功，但两年任期过后在争取连任时失败，这次失败还让本不富裕的他赔付了一大笔钱；之后，他参选本州土地官员，落选，甚至还遭到了别人的奚落；1854年，林肯竞选参议员失败；1856年，林肯竞选副总统被对手击败；1858年竞选参议员失败……

　　命运就像和他开玩笑一样，11次竞选中9次失败，可林肯从未倒下，最终，在1860年他终于守得云开见月明，成为了美国的最高领导人。

　　林肯之所以是林肯，不是因为他的成就有多大，而是因为他战胜了生活中接连不断的打击和磨难。不断被击倒，之后又不断站起来的勇气不是所有人都能够拥有的。

　　如果给你林肯那样光辉的人生，你是否有勇气接受呢？铁矿石深藏山中，不经挖掘永远只是石头，经过提炼成了生铁，这个提炼的过程就好比我们接受教育的过程，这是大部分人都有的机会，但是否能成钢，就看个人的造化了。

　　想要成为了不起的人，就要经受一般人难以经受的磨难，有着比任何人都强烈的信念和内心，这样的人一定无往不胜，在任何情况下都不会倒下，走出辉煌的人生路。

PART 4 / 当你拼命去做一件事时，没人会是你的对手

　　梦想，是这个世界上最伟大的事情。对于身无分文的穷人来说，就等于拥有了蕴含无限可能的志气。记住！你不放弃梦想，梦想绝不会弃你而去。朝着梦想拼命地跑去，全世界都会为你让路。重拾梦想吧，让它好好的协助你开辟一方属于自己的新天地！

梦想还是要有的，万一实现了呢

人活一口气，这口"气"其实就是支撑人们能够不断走下去的梦想。当然，在现实社会中，谈及梦想好像是一个非常遥远的事情。但是一个人可以被剥夺财富，被剥夺健康，甚至被剥夺自由，但是永远无法被剥夺的就是梦想。

虽说绝对平等在现实中是不存在的，天平总会倒向一边，但梦想是没有高低贵贱之分的，任何人都可以拥有自己的梦想，都有着为自己的梦想付出努力的权利。农夫梦想着自己家的母鸡一天下两个蛋，国王则梦想着让周围的国家臣服。虽然梦想不同，但有梦想的人都是可敬的，因为那是完全属于自己的财富。

在实现梦想的过程中，可能周围的一切并不会十分如意，可能会面临着意想不到的挫折和困难。在困难和挫折面前，人不是按照背景和地位区分，只会是按照坚持还是放弃来区分。

被现实打弯了腰不可怕，可怕的是那根支撑自己的脊梁已经折断。只有屡败屡战，斗志才会一次比一次更强大；愈战愈勇，信心就会一次比一次更坚定。

清朝名臣曾国藩组建的湘军在誓师出战太平军时，因这支新军大都是以其家乡的练勇为基础，招募的士兵多为质朴的农民，以当地儒生为军官，不曾受过正规的军事训练，故而两军初战时，湘军在岳州、靖港连战连败。

曾国藩感到非常痛苦，几次试图投水自杀未果。

痛定思痛后，曾国藩决定重整旗鼓，与太平军展开了最后的决战。后攻占武昌重镇，奉诏任湖北巡抚。其后，曾国藩率水师进攻九江、湖口。太平军让翼王石达开搬兵来救，诱使湘军水师的轻便快船先进入鄱阳湖，再一举封锁湖口，使仍在长江中的湘军的笨重大船成为难以移动的活靶子，再用火攻。这次战斗使得湘军水师的数十艘大船被毁，曾国藩率残部狼狈退至九江以西，其座船也被太平军围困。

其间，曾国藩因指挥湘军与敌交战无功，在给朝廷的奏章中用了"屡战屡败"之语。但实际上最后让远在京都的皇帝与重臣们读到的却是"屡败屡战"。满篇陈奏虽悲壮却精神振奋，气度朗朗朝日。原来，是曾国藩的部下李元度见到最初的折子，建议改为"屡败屡战"，字无不同，但顺序如此一倒，则满篇精神大变，境界也就大不一样。果然，朝廷读完呈上来的奏章，只觉曾国藩及其率领的湘军精神可嘉，不觉其屡屡失败有罪。

更重要的是，正因为他具有百折不挠的精神，屡败屡战，总结教训，才使湘军不断走出逆境，不断地积小胜为大胜。曾国藩终率领湘军，会同左宗棠、李鸿章等指挥的部队，逐渐实现了对太平天国"天京"的战略包围，并在同治三年六月，攻破了天京，取得了最终胜利。

从"屡战屡败"到"屡败屡战"，从字面上看只是顺序的不同，但是事实上却是有着天壤之别。"屡战屡败"，突出的是一个"败"字，说明战者无能，次次战败，让人产生对其能力的极大怀疑；而"屡败屡战"突出的是一个"战"字，说明战者勇猛，次次战败，但却次次卷土重来、不肯认输。

梦想不需要成本，但追梦需要，这种本钱并不是你先天积累的，而是你拼搏所得。一个人若是什么都不肯付出，那么梦想再小也绝无实现的可能；反过来说，若是向着目标不断努力，即便开始一无所有，最终也一定能够守得云开见月明。纵观古今，那些能够梦想成真的成功人士，无一不是在实现梦想的道路上走得十分艰难，但是他们最终都挺过来了。记住，在挫折与困难面前，不要忘记最初的理想，更不要忘记自己最初的样子，本就一无所有，失去也没什么可惜，但拼搏总比放弃得到的多一些。

很多人都看过电影《光荣之路》，这部电影讲述的是一名前女篮教练哈金斯到一所成绩很差的球队执教的故事。哈金斯是一个具有坚定意志的人，他决心在NCAA里面闯出名堂，而且他的思想非常开明，他并不以肤色区分天才，在他的篮球队里，需要的只是胜利。

在这一思想的指导下，哈金斯从现实中组织了一批非常有篮球天分的黑人学生作为自己球队的核心，开始了他艰苦的光荣之路。在最初的时候，这些球员不知道职业篮球和街头篮球的区别，而哈金斯总是不断地用梦想激励着他们前行。

在经过一段时期系统的训练以后，教练哈金斯用坚定的信心感染了球队里的每一个人，这支混合了黑人首发球员的球队一路披荆斩棘，最终闯进了决赛。最后在马里兰大学著名的Cole Field House击败白人先发的肯塔基，获得了1966年NCAA篮球比赛总冠军。这场比赛是美国体育史上重要的几个日子之一。它不仅捍卫了黑人的尊严，更具有划时代的意义，因为它使得美国大学篮球正式进入到了黑白共存的时代。

这并不是一个虚构的故事，而是在美国篮球史上的真实事件。这一事件从某种程度上可以说是重新定义了篮球这项运动。当然，推动这一切的就是梦想的力量。因为有梦想，教练才愿意接手一支上赛季只取得寥寥数场胜利的球队；也正是因为有梦想，在街头打球的黑人愿意承受大量的训练和众人的白眼；还是因为有梦想，在决赛中球队的白人运动员选择了服从教练指挥……

过后去看这些人的故事，你会觉得结局是注定好的，但是在故事发生的时候，谁也不敢保证最终的结果是什么。哈金斯的梦想并不一定能成功，还有一种可能是失败，更何况，他向着一个极高的目标发起了挑战。但是他坚持了，他知道现实有贵贱之分，但梦想没有，任何小人物都有成为大人物的可能，只要为成为大人物的梦想付出过努力。

在梦想的照耀下，寂静的山谷里会有百合花的盛开，平凡的人生也会绽放出别样的光彩。在没有人给自己欢呼的时候，自己要懂得给自己加油；在没有人理解的时候，自己要做到坚持不放弃。

人生只有一次，去做自己喜欢的事

世界上有很多概念都是互相矛盾的，而有时我们会陷入这种两难的抉择当中。这个时候，选择的结果很难以对错来评价，人生若是一条路，选择就是岔路口，无论你怎样选，最终的终点都一样，当然，你的每一个选择都可能会改变你的人生。

两个少年在厕所中相遇，其中一个男孩找另外一个戴帽子的男孩借了点手纸。出了厕所之后，为表感谢，借手纸的男孩给戴帽子的男孩点了一支烟，两个人边走边聊。

戴帽子的男孩说："我最近很郁闷，家里人一直逼着我学钢琴，可我怎么也弹不好。"

借手纸的男孩说："钢琴，一点儿都不难！我五岁就开始弹了，可烦恼的是家里人总逼着我写诗，天啊，我怎么写得出来？"

戴帽子的男孩一听，笑着从包里拿出了一沓稿纸，说："这个给你吧！拿回去交差。我最喜欢写诗。"

你一定猜不到，那个不爱学琴的男孩，正是大诗人歌德；而那个不爱写诗的男孩，则是音乐家莫扎特。他们面临的选择显而易见，那就是自己的梦想和家人的期待。若是你，你会怎样选？选择家人的期待在大部分人眼中都是最保守的做法，不会冒风险，因为那些对你有所期待的人总比自己多些经验，至少是站在客观的角度来看待自己的。可是哪一种成功不需要冒险呢？若是歌德弹琴，莫扎特写诗，那么他们就永远成不了轰动世界的伟人，因为他们的选择违背了自己的梦想。

人，一定要做自己喜欢、自己想做的事，如此才能感到快乐。或许，在此过程中会遭到周围的人或环境的阻碍，但我们不该为此放弃自己的意愿，有些事一拖延，可能就是一辈子。

日本最年轻的临终关怀主治医师大津秀一，在多年行医的经验中，亲自听闻并目睹过1000例病患者的临终遗憾后，写下《临终前会后悔的25件事》一书。其中，有很多条都涉及"没有做自己"，比如——没做自己想做的事；被感情左右度过一生；没有到想去的地方旅行；没有表明自己的真实意愿……

说到底，人之所以会做保守的选择，是因为怕失去，但想想看，我们离开这个世界的时候为什么会后悔？因为我们什么也带不走，若是曾经追求了梦想，那最终至少还有回忆，而不是悔恨。人生重在体验，而不是手里有什么。你若是真的爱自己，就该为自己的梦想而拼搏，不留任何遗憾。

小时候，她不喜欢跳舞，可在父母的严厉要求下，她还是硬着头皮学了。这一跳，就是十五年。

高考时，她想报考旅游英语，但在家人的强烈反对下，她听从了母亲的话，上了一所舞蹈学院。后来，在市区的一家医院做了一名护士。

工作后，她交了一个军官男友，父亲却不同意。抵抗不过父亲的百般阻挠，她最终还是妥协了，在亲戚的介绍下，和一个医生结婚了。

结婚后，她和丈夫本来有自己的一套房子，可公婆非要他们搬过去一起住。她知道婆婆是个挑剔的人，本不想每天住在一起，怕生出什么矛盾，自己不开心，也惹婆婆生气，可耐不住老公的劝说，她还是强颜欢笑地和公婆住到了一起。

在别人眼里，她是幸福的。多才多艺，样貌出众，嫁了一个家境好的老公，还有公婆帮忙料理家务……这样的生活，多少女人求之不得。可是，她内心的苦楚又有谁知道？

　　三十岁生日的那个深夜，她想到自己过去的这些年里，似乎每一次重要的决定，都是别人替自己拿主意。人生，仿佛不是她自己的。那个做义工行走世界的梦想，那个曾在雨中为她撑伞的恋人，一切的一切，都成了无法触摸的梦……她背对着丈夫，留下了一行行眼泪。在咸咸的泪水中，她突然做了一个重要的决定：换一种活法，做自己想做的事，去自己想去的地方。

　　略萨曾说："我敢肯定的是，作家从内心深处感到写作是他经历过的最美好的事情，因为对作家来说，写作是最好的生活方式。"因为喜欢，所以快乐，沉醉其中乐此不疲，金钱和名誉，都是可有可无的附加品。若是束缚太多，无法做自己想做的事，久而久之一定会身心疲惫、无所适从。这个时候，应该学会让自己换一种活法，保持淡定，不为他人的言语和决定而改变自己的意愿，人生自会惬意无比。

　　我们总会听到有人抱怨，如果当初怎样怎样，现在就能如何如何。可是，时间的大门一旦关闭就不可能再开启，人生就是一场单程的旅途，没有回头的路。生活太累，太多遗憾，就是因为给了自己太多束缚，不敢打破一切潜在的规则，追求最初的梦想。学会把自己的感觉叫醒，敞开心胸，放下种种担心和顾虑，勇敢地向着梦想前进，无论别人如何看，你都可以过得很快乐，因为这才是你真正需要的，才是真正属于你的人生，属于你的幸福。

　　趁着自己还没有麻木，赶紧去看看自己最初的梦想吧，若是你不去闯，那么它就是你一辈子的梦想，若是去做了，那么梦想自会照进现实。人生太短暂，时间不等人，有些事情现在不做，就再也没有机会做了。问问自己的心，去爱自己真正爱的人，去做自己想做的事，走向最期待的未来。

梦想需要付诸行动，才会成真

都说心动不如行动，当我们着眼于梦想的时候，总会产生一种奋斗的冲动和激情，若是将这种热情投入到行动中，那么早晚有一天我们的梦想会照进现实。可若是不付出行动，那么你的一切梦想都将会是幻想，永远存在于一个你不存在的世界中。

把梦想放在心里，会开出勇敢的花，但若一直不敢用行动去灌溉它，这朵花迟早会枯萎。因为梦想经不起等待，尤其不能以实现另外一个条件为前提。梦想不在于有多遥远，而在于我们是把它供奉在心里，还是为了它的实现而采取了实际行动。

很多人都认为，只有事先有了非常充分的准备后，才能有能力去追逐梦想，并用这个理由拖住了追寻的脚步。但实际上，这种常规的思维并不一定就是正确的，即便你自身的条件还不够成熟，但你也有行动的资本，即便你现在做得不够好，也可以当作是射击前的定位，在行动中不断调整自己，你的位置才能不断向前移动，才能越来越靠近自己的梦想。

时间可贵、青春可贵、生命可贵、机遇可贵的道理非常简单，你觉得梦想可以等待，殊不知时间不会等你，青春不会等你。很多美好的事物，往往都是在等待中被搁浅了。

一对兄弟外出旅行归来，想要乘坐电梯，却发现大楼停电了！这可怎么办？他们住在这幢大楼的80层，为了赶紧回家，两兄弟决定爬楼梯上去。

起初，他们还体力十足，可是爬到20层的时候，兄弟俩就觉得体力不支了。哥哥说："这个包实在太重了！我们先把它放在这儿吧，等来电后坐电梯来拿。"于是，他们把行李包放在了20楼，卸掉了这个包袱，他们顿时觉得轻松多了。

两兄弟有说有笑地往上爬，到了40层的时候，他们累坏了，想到还有40层楼梯要爬，他们开始互相埋怨，指责对方没有注意大楼的停电公告，在争吵中他们一步一步地往上爬，就这样又爬到了60层。到了60层，他们累得已经没有力气再吵架，弟弟说："既然都到了60层，我们别再吵了，干脆爬完算了！"于是，兄弟俩默默地往上爬，终于到了80楼！

好不容易走到家门口的兄弟俩非常兴奋，可这个时候他们突然发现，钥匙丢在20楼的行李包中……

这则故事虽然没有直接讲述人生和梦想，但它却蕴含了深刻的人生道理：20岁之前，背负着很多的压力和包袱，因为自己活在师长的期望之下，而自己的心态和能力也不成熟，步履难免不稳；等到20岁之后，脱离了众人的压力，卸下了沉重的包袱，开始专心地追逐自己的梦想，于是又愉快地度过了20年；到了40岁的时候，猛然回首，发现青春已经不再，不免觉得有遗憾和追悔，因此开始不停地惋惜、抱怨……在这样的一种状态下，生活还在继续，一转眼就到了60岁。

这时，人们突然意识到人生已经所剩不多，警告自己不要再抱怨，珍惜剩下的时间。于是，默默地度过自己的余年，直到生命的尽头，又忽然想起好像有什么事情还没有完成。原来，是自己把所有的梦想都留在了20岁的青春岁月，没有实现。所以说，梦想如果不趁早去追，很可能就在匆匆赶路的途中，被遗忘了。

可见，梦想需要行动，但不是盲目的行动，在追梦的过程中，你应该时时反思，专注于自己的付出，这样你才能不断调整自己的步伐。若是一路上走一步就四处看看，很容易被迷失。

在南美洲的亚马逊河边，青青的绿草引来了一群羚羊，它们悠然地在岸边享受着美味。

　　岂不知就在这时，一只猎豹隐藏在远远的草丛中，竖起耳朵四面旋转。它觉察到了羚羊群的存在，于是悄悄地、慢慢地接近羊群。在越来越逼近的过程中，突然，羚羊群有所察觉，忽地一下四散逃跑。猎豹像百米运动员一样，瞬时爆发，像箭一般地冲向羚羊群。它的眼睛死死盯住了一只未成年的羚羊，直奔而去。

　　虽然羚羊飞似的奔跑，但仍然跑不过豹子的腾跃，在这追与逃的过程中，眼看就要挨着羚羊群了，可猎豹却从一只又一只站在那里观望的羚羊身边跑过。它没有掉头改追这些更近的猎物，而是从头至尾都在使劲地朝着那只未成年的羚羊疯狂地追去。

　　最后，那只小羚羊终于跑累了，豹子也累了；在累与累的较量中，最后比的就是速度和耐力了。终究，小羚羊的屁股被猎豹的前爪狠狠地抓挠了一下，羚羊倒下了，豹子朝着羚羊的脖子狠狠地咬了下去。

　　行动是思想的体现，没有行动，别人永远不知道你在想些什么，日子久了，就连自己都不知道自己曾经梦想过什么了。在大脑支配我们身体的同时，我们应该服从大脑，付出相应的行动，尤其我们想到的可能是我们的梦想。

　　在猎豹眼里，它需要的是一天的口粮，于是它行动了，而且向着最初定下的目标行动了———一只弱小的羚羊。我们每个人的眼界都有限，无法将全部的风景都放在眼中。猎豹也是如此，因此它只看准最初盯上的那只羚羊，不管身边曾经有过多么接近、肥硕的羚羊，它都不忘初衷、目不斜视，直到最终盯准的猎物被自己踩在脚下……

　　我们实现梦想的过程和捕猎的过程差不多，最初的梦想就是我们眼中的那只羚羊，有些人选择追逐，有些人选择幻想。选择幻想，不付出行动的人注定会饿死在追梦的路上，而选择追逐的人，也不一定总能成功，因为有一部分人在半路上被其他的风景诱惑了，这样一来，就无法专注于一个目标，使自己的梦想丢失在路上，但若是这个人有着猎豹一样的专注力，那么一切就不一样了。

由此可见，我们有了梦想要付出行动，而付出行动的同时我们又需要极高的专注力。荀子在《劝学》中说得好："蚓无爪牙之利，筋骨之强，上食埃土，下饮黄泉，用心一也。"古代棋艺高手弈秋教二人下棋的故事，想必我们早已耳熟能详。专心致志听讲的人肯定能够学到真本领；而一心想着顽射鸿鹄的人，能够学到一些皮毛就已经很不错了。做事的成败与难易，与底子的薄厚、力量的大小都没有决定性的关系；只要专一的向着目标前进，无形中就排除了那些纷杂繁冗的干扰，以最简捷的方式去达成最终的目标。

戴尔·泰勒是美国西雅图一所著名教堂德高望重的牧师。上世纪60年代的某一天，他向学生宣布：谁要是能背出《马太福音》第五章到第七章的全部内容，他就邀请谁到西雅图的"太空针"高塔餐厅免费享受餐会。

这太空针高塔高185米，登上高塔餐厅可以一览西雅图的美景。另外，那里的甜点也是孩子们向往的美味，可以说那是每个孩子都梦想去的地方，但是要获得这个机会并非易事，因为圣经《马太福音》第五章到第七章又称"山上宝训"，是圣经中的著名篇章，有几万字的篇幅，而且不押韵，要背诵全文有相当大的难度。

但是有一天，一个11岁的学生胸有成竹地坐在戴尔·泰勒牧师面前，以孩子特有的童音从头到尾一字不漏地把原文背下来，没出一点差错，而且到了最后，竟成了声情并茂的朗诵，泰勒牧师惊讶地张大了嘴巴。要知道真正的圣经门徒能背诵全文的也是少有的，更何况是一个孩子！

牧师不禁好奇地问："你是如何背下这么长的文字的？"

这个孩子不假思索地回答："我只是专心致志地去背。"

16年后，这个孩子成了一家知名软件公司的老板，他的名字叫比尔·盖茨。

　　在人生的道路上，外在的客观原因能起一定的作用，但个人的主观努力却是最重要的。比尔·盖茨无论是对圣经的背诵还是后来他所取得的伟大成就，都得益于他的头脑中在同一时间段内只保持着一个简单的想法：集中精力做好眼前的事。比尔·盖茨的竭尽全力向我们昭示了这样的道理：一个人如果能够把全部的精力倾注于目标，那他终究会取得优秀的成绩；相反，如果精力不专一、做事不专注，必会使他所有的快乐、以及一切与他有关的事情，变得不真实而终究荒芜一生。

　　分散精力很容易一事无成，生活中很多人之所以没有实现梦想，大都是因为他们容易见异思迁，注意力也就难免被分散了。如果不能将梦想转化成专一的行动，那么所有的梦想将永远只是梦想。

　　新东方董事长俞敏洪说："每一条河流都有自己不同的生命曲线，但是每一条河流都有自己的梦想，那就是在转弯处奔向大海。我们的生命有的时候是泥沙，你可能慢慢地就会像泥沙一样沉淀下去了，一旦你沉淀下去后，也许你不用再为了前进而努力了，但是你却永远也见不到阳光了。"

　　梦想是人生的翅膀，插上了，才能够远翔。在人生不同的阶段，会有不同的想法。如果等到所有的条件都成熟才去行动，那么你也许就要永远等下去；行动随着眼前的风景不断改变，那么你也许永远都在转变中追逐。唯有在梦想之初就开始行动，专心致志向着一个方向前进，你才能最终达成梦想。

眼之所及，履之所致

有人说，梦想很丰满，但现实很骨感。大部分的梦想都非常远大，没有人不愿意站在顶端俯瞰这个世界，而为了梦想付出一切的人也不在少数，但可惜的是真正能够站在顶端的人却是少之又少。是能力不足还是不够努力？

其实，梦想就是我们眼中的一个目标，在时间的累积过程中，人们会遇到各种各样的阻碍，现实太过残酷，所以梦想也随着时间的累积而变得遥遥无期。可现实是，努力了，总会接近梦想，不努力，将一事无成。

拿破仑说过，不想成为将军的士兵不是个好士兵。如果只看着眼前，那么就谈不到梦想，只有清楚自己前行的方向，才能在属于自己的路上走出精彩的人生。如果只想着自己在做什么而不知道自己要做什么，那么只能落后于人。

从前有两名泥瓦匠，他们总是在一起工作。其中一名泥瓦匠每天都快乐地工作，因为他有一个梦想，他觉得他不会一辈子都只做泥瓦匠，他坚信这只是一个开始，他一定能够达成自己的梦想，想到这些他每天的工作就变成了他进步的空间，所以他每天都非常充实而快乐。

另一名泥瓦匠正好相反，他厌恶泥瓦匠这个工作，因为这个工作让他觉得非常辛苦，而且收入不高，还要弄得浑身脏兮兮。他之所以成为泥瓦匠是因为他有一个泥瓦匠的父亲，他从来没有想过自己的未来，他的父亲传授他这门手艺所以他顺理成章地成了一名泥瓦匠。看到另一名泥瓦匠每天开心地工作他非常不理解，他真不清楚工作当中有什么值得开心的事情。

于是这名泥瓦匠问他的同伴："你为什么每天工作时还那么快乐呢？工作不累吗？当一名泥瓦匠有什么可开心的。"

"你工作的不开心吗？"

"工作有什么值得开心的。"

"想到梦想就开心了啊，你没有梦想吗？"

泥瓦匠嗤笑同伴说："啊，梦想这东西啊，我小的时候梦想成为地产大亨，但是我现在却做了泥瓦匠。你见过泥瓦匠还痴心妄想成为地产大亨的吗？"

泥瓦匠的同伴思考了一会儿，说："你觉得咱们现在在干什么？"

"砌墙。"

"错了，咱们正在建造一座非常美丽的剧院。"

泥瓦匠觉得自己的同伴有些自命清高，不再继续和他说话，每天还是抱怨着工作。多年之后，回答砌墙的泥瓦匠仍然在砌墙，而他的同伴则成为了一个有名的建筑师，很多漂亮的建筑都出自他的手，也因为这样他被世人熟知。

同样的起点，却是不同的终点，因为其中一个人只看到了自己的眼前，认为这就代表着自己的未来，丢弃了自己的梦想，而另一个人则有着远大的理想抱负。现实生活当中，我们有时难免会出现泥瓦匠的想法，为了工作而工作，并没有想过要在自己的工作岗位上有所作为，如果这样想，那么只能碌碌无为地度过一生。

我们将自己困在眼前自然难以有所突破，梦想也被限制，登上土坡就满足的人无法登上高峰。唯有站在自己的位置抬头看，才能看到自己的渺小，才能知道自己拓展的空间有多大，如果惧怕前路，那么就只能在原地止步不前。

我们缺乏的往往不是能力，而是梦想。无论梦想有多么遥远，都有实现的可能，但是没有了终点，那么自然一切也只能成为泡影。成功的方法有很多种，人们所稀缺的并非方法，而是成就梦想的野心。

法国的前五十名富豪中有一个非常年轻的人，就是巴拉昂，他成为传奇不仅仅是因为他的年轻，而是因为他只用了10年的时间就累积了足以跻身前50位富豪之列。

巴拉昂开始只是一个普通的推销员，生活非常穷迫，只能靠推销肖像画谋生。后来的10年之中，他通过拼搏成为了媒体大亨。在即将辞世的时候，他再一次成为了人们的焦点，因为他留下了一封非常特别的遗书。在遗书之中，除了将自己的财富捐献之外，还有100万法郎的特别奖励。

之所以说这项奖励特别，是因为这项奖励要给一个能够解出巴拉昂提出的问题的人。他的问题说起来简单，却非常复杂，问题就是穷人最缺少的是什么。他将这个问题的答案放在了一个银行的保险箱之内，他将钥匙交给了他的两名代理人。他在遗嘱中提到，他曾经非常穷困潦倒，之所以能够成为富人，是因为他找到了成为富人的秘诀，在他即将辞世之时，他希望把这个秘诀能够留给后人。

巴拉昂去世之后，他的遗嘱被各大报纸杂志纷纷刊登，大家都在寻找能够回答问题的人。而人们也纷纷猜想问题的答案。没多久，报社就收到了从四面八方邮寄过来的各种答案。有人回答是金钱，因为穷人正因为没钱所以才成为穷人，有的人回答是别人的关爱，还有人回答是机遇……各种各样的答案都没能领走那100万的奖励。

最终得到奖励的是一个小女孩，她的答案非常简单，是和巴拉昂的一样的秘诀，就是野心，穷人缺少的恰恰就是能够成为富人的野心。

梦想需要野心才能够成就，没有野心，一切都只能成为泡影。巴拉昂之所以成为富人，不是因为别人提供了他资金，而是因为他有着成为富人的野心。现实生活当中，在抱怨眼前生活不公的时候，你是否想过是因为自己对梦想的渴求不够？机会是人创造的，财富是靠积累的，首先要从自己的心中实现梦想，现实才会给自己开路。

眼之所及，履之所至。

实现梦想不是最困难的，困难的是找到自己的梦想。为了工作而工作，为了生活而生活，那么一生注定没有作为。梦想需要创造，野心就是梦想，只要敢想，只要想得远，那么自己就能够为了梦想而付出相应的努力，总有一天会站在自己的梦想面前，即便最终现实和梦想有所差距，你也会发现，自己已经站到了一个不曾到达的高度。

要飞翔，就要展开自己的翅膀

　　海阔凭鱼跃，天高任鸟飞。许许多多的人都将自己不能成功的原因归结于没有一个好的平台，因为环境不佳，所以跳不高、飞不远。不是自己不愿付出努力，而是终其一生都得不到一个飞翔的机会，慢慢的，变成了一只无法飞翔的鸟。

　　雏鸡看着天上展翅翱翔的雄鹰，心里很不开心。同样都是有翅膀的动物，为什么自己的翅膀却什么忙都帮不上，跑得急了扑扇扑扇翅膀也只能帮自己保持平衡。同样是有翅膀的动物，为什么雄鹰就能够看尽天空的美景，而自己只能看向地面呢？

　　不理解的雏鸡去找母鸡，问道："为什么我们都有翅膀，但只有鹰会飞，我们不会呢？"

　　"那是因为鹰的翅膀大呀！"母鸡笑着说。

　　"那麻雀呢？它的翅膀比我们的翅膀小多了，可是它会飞，我却不会。"

　　"虽然相比之下麻雀的翅膀比我们要小，但对于麻雀而言，它的翅膀展开比身体还要大，如果按照比例来看的话，我们的翅膀太小了。"

　　雏鸡若有所思。

　　翅膀是鸟类飞翔的器官，翅膀的大小决定了它们的飞行能力。对于我们而言，梦想就像是翅膀一样，你的梦想有多大，你的未来才有多宽广。你若是只想做一个吃穿不愁的人，那么你的梦想无异于雏鸡的翅膀，因为你所要的不过是衣食无忧，没有了更高的追求。但若是你有更高的追求，渴望看尽天下风景，那么你便会向着雄鹰的方向努力。不管最终是否能够成为天空的霸主，但你至少看尽了雏鸡不曾看过的人生美景。

1987年，她14岁，辍学后在湖南益阳的一个小镇卖茶，1毛钱一杯。她人小，摊位小，可她的茶杯却比别人大一号，每只杯子上盖一块能够遮挡灰尘的小玻璃片，茶水可以免费续杯。她的茶卖得最快，那时，她总是快乐地忙碌着。

1990年，她17岁，多数同行嫌卖茶不赚钱而改行，可她却把卖茶的摊点搬到了益阳城里，改卖当地的传统风味"擂茶"。擂茶制作很麻烦，但也卖得上价钱。那时，她配制成许多不同口味的擂茶，让每碗茶都有独特的风味。很快，她的生意就红火起来。

1993年，她20岁，这时的她仍在卖茶，只是她不再摆摊点，而是在省城长沙有了一间自己的小店面。客人进门后，她在店中央摆着根雕茶几，每有客人进门，她都耐心地泡上茶请人免费品尝。慢慢地，她的小店吸引了许多客人和茶商，而她也培养了一批品茶人。后来，经过朋友的介绍，她开始在其他城市开茶庄分店，并且还延续同样的经营模式，请人免费品茶，培养品茶人，然后茶叶就被一包一包地卖出去了。

1997年，她24岁，在茶叶与茶水间滚打了整整十年。这时，她已经拥有37家茶庄，遍布于长沙、西安、深圳、上海等地。福建安溪、浙江杭州的茶商们一提起她的名字，莫不竖起大拇指。

2003年，她30岁，她最大的梦想实现了。"在本来习惯于喝咖啡的地方，也有洋溢着茶叶清香的茶庄出现，那就是我开的……"说这句话时，她已经把茶庄开到了香港和新加坡。

她，就是茶商孟乔波。

她曾经说自己只是个卖茶的，也永远是卖茶的，她会一条路走到底。在不同的人看来，她梦想的定位也不同。虽然有的人会认为她的梦想太微不足道，但至少在孟乔波心里不是这样的，就算是一个卖茶的，也要在这条路上站得最高。

　　或许在别人看来，你的梦想会被嘲笑，但你自己不能嘲笑自己。在你的翅膀不曾展开的那一天，没有人能够真正了解你的能力。稳住自己，相信自己，不忘初心，就算自己的梦想在别人看来是异想天开，你也可以给自己一个拼搏的理由。

胃很小，只容得下一条鱼

你吃牛排的时候是什么样的呢？切下一刀吃掉，然后再切下一刀，还是将整块牛排分好之后再大快朵颐？可能不同的人有不同的选择，但有一点是相同的，不管你怎样分，都要将大块的牛排分成小块吃进嘴里，而且一口只能吃一块。

其实这个过程和我们实现理想的过程差不多。梦想对于我们而言都是遥远的，所以要将大目标分成小目标，一步一步去实现。

但是在分割目标之后，有些人就做错了下一步，那就是没有给目标分等级，以至于不知道从何入手，怀揣着无数个小目标，把自己弄乱了。就像掰棒子的熊瞎子一样，拾起一个就丢了上一个。

每个人的精力都有限，没有人能够一心二用，若想达成理想，就要将小目标排序，一个个地去完成，而不是要兼顾左右。

曾经有一位73岁的老人从旧金山步行到了佛罗里达州的迈阿密市。经过长途跋涉，克服了重重困难，她终于到达了迈阿密市。

这位老人吸引了当地各大媒体的记者，大家都想去采访她。大家很好奇，她是如何鼓起勇气，徒步旅行的？这路途中的艰难又是否曾经吓倒过她？

"徒步这么遥远的路程，对于我们年轻人来说，几乎都是不敢想象的，我们觉得您就像一个奇迹，能告诉我们您是怎样达到的吗？"一位男记者抱着极大的好奇心问道。

"事实上，这一路上我的计划从未有所变动过，那就是：下一个小镇。"老人回答说，"要知道，走一步路是不需要勇气的，我所做的就是这样。我先走了一步，接着再走一步，然后再一步，很容易就到达了前面的小镇。然后我再把上一个计划原封不动地简单重复一下，就可以了。"

若是老人想着下一个小镇，同时还想着其他的小镇，那么她的心就乱了，不理智的决定会阻止她稳步前进。任何事都需要开始，需要迈出第一步，你不知道众多小目标如何筛选，最终你只能停留在原点，望着无法到达的彼岸叹息。

宏伟蓝图自然是具有无穷魅力的，但它同时并不是我们唾手可得的。若试图一下去抓住事情达成结果，无异于想在一天之内建造出一座罗马城，给自己徒增繁重压力的同时，也让简单的问题复杂化。

所以说，人生无论是长久的计划，还是宏伟的目标，绝非是一蹴而就，它是一个不断积累的过程。而一个个量化的具体计划，就是人生成功旅途上的里程碑、停靠站，每一个"站点"都是一次评估、一次安慰和一次鼓励。是否能量化，是计划与空想的分水岭；只有把每一阶段的目标都可视化，才不至于让自己的理想成为海市蜃楼。

1984年的东京国际马拉松邀请赛中，名不见经传的日本选手山田本一曝冷门，夺得了世界冠军。当记者问他凭借什么取得如此惊人的成绩时，他的一句"凭智慧战胜对手"让当时体育界嘘声一片，许多人都认为这个偶然跑到前面的矮个子选手是在故弄玄虚。马拉松比赛是体力和耐力的较量，只要身体素质好又有耐性就有希望夺冠，而爆发力和速度都是其次，说用智慧取胜确实有点勉强。

两年后，意大利国际马拉松邀请赛在意大利北部城市米兰举行，山田本一代表日本参加了这一场比赛。这一次，他又获得了世界冠军，记者再次邀请他谈论经验时，性情木讷、不善言谈的山田本一回答的仍然是上次那句话："用智慧战胜对手。"这回记者在报纸上没再挖苦他，但对他所谓的智慧还是迷惑不解。

十年后，这个谜终于被解开了，山田本一在自传中是这样说的："每次比赛之前，我都要乘车把比赛的线路仔细地看一遍，并把沿途比较醒目的标志画下来，比如第一个标志是银行，第二个标志是一棵大树，第三个标志是一座红房子……这样一直画到赛程的终点。比赛开始后，我就以百米的速度奋力地向第一个目标冲去，等到达第一个目标后，我又以同样的速度向第二个目标冲去。40多公里的赛程，因被我分解成了好几个小目标，所以就轻松地跑完了。起初，我并不懂这样的道理，我把我的目标定在40多公里外终点线上的那面旗帜上，结果我跑到十几公里时就疲惫不堪了，我被前面那段遥远的路程给吓倒了。"

我们的胃很小，只能容得下一条鱼，同样的，我们的一切都是有限的，就像山田本一说的那样，若是将所有的目标都摆在心里，那么你就会被压得无法喘气，更不要说轻装上阵了。

人生就是一场旅行，一路上背负的东西会不断累加，所以我们自己要尽可能地减少负担，这样才能让你将更多的精力投入到前行的路上。不要去想自己的目标有多远大，也不要去考虑为了完成这个目标你需要做多少事，只要做好眼前的一件事，做好一个小目标，一点点积累，最终成功一定会被你踩在脚下。唯有那时你才发现，那些复杂而繁琐的事早已在你的一点点努力下完成了。

心系太多反而会让你一无所有，因为这会打消你的热情和积极性。不如将一切看得简单一点，只记得眼前该做的事，这样你才不会觉得疲累，才不会因为难度太大而半途放弃。

设定一个不太难实现的小目标，无形中就让自己长久坚持下去的动力变得强大起来。这样我们就会因为每一个小目标的简单易行而感到压力减轻，也正因为感到应对自如，我们就会发现自己渴望去做生活中其他需要改变的事情。当实现每一个小目标后，就会有一种更加积极的强化力量来帮助我们向更加远大目标的道路前进。

给自己一个承诺，这比什么都重要

当我们想要做一件事情的时候，都会感到恐惧，不知如何是好，这个时候，我们渴望着别人的一个承诺，让我们安下心来。确实，这很有作用，但并不是任何时候都有人给予我们承诺的，这个时候难道我们就要一直悬着一颗心，在选择面前犹豫不决吗？

其实，我们还有另一个选择，那就是自己给自己一个坚实的承诺。这比任何东西都重要，因为这就意味着给了自己一颗奋斗不止的雄心，它能给我们每个人带来很大期盼，同时还会激励我们向前。

一天，大家得知一则消息——北京王府井饭店要公开招人。其中，有个年轻人名叫段云松，他得到了一个宝贵的面试机会，并因此在后来成为了一名行李员。

一次，香港第一首富李嘉诚下榻王府井饭店，段云松专门给他提行李。为此，该饭店特意举行了欢迎仪式，在众多人群簇拥之下，李嘉诚的步伐越走越快，而段云松同时拎着两个重箱子，气喘吁吁，最后将箱子送到了李嘉诚的房间，随从的人员随手递给了段云松几元钱作为小费。

实际上，段云松作为行李员，为一些成功人士拎包，他不仅有自卑感，而且还有自豪感，但更多的是激励。他心想："我进王府井饭店就是想看看，到底是什么样身份的人才能住如此高级的饭店，为何他们可以，我就不可以呢？"正是李嘉诚等成功人士的气质和风度，将段云松深深吸引住了，他从此也暗暗告诉自己说："我一定要成功！"

没过多久，饭店来了一个旅行团，段云松和一个同事同时为其搬运行李，把两人都累坏了。后来，两个人跑到了饭店的楼顶去吸烟，望着人山人海的王府井大街，段云松突然说道："将来，这里会有我的一辆车，会有我的一栋房。"他的同事听后，竟然嘲笑了段云松一番。

没过多久，段云松决心辞掉饭店的这份工作，他开始四处寻找商业机会。很快，段云松在长安街民族饭店对面承包了一家小饭馆，1年时间过去了，他净赚了十万多元。

紧接着，他又包下了一个场地搞餐饮，在院内找了个合适的位置养了几只大鹅，又设法找来了篱笆、牛绳、辘轳、风车、风箱等物，另外，还找人专门砌了口灶。忆苦思甜大杂院开张营业没多久，来这里吃饭的人络绎不绝。段云松每天的营业额就超过了一万元，3年时间过后，他净赚了一千万还多。

过了一段时间，段云松开始厌烦餐厅里这种喧闹、嘈杂、虚伪、以钱为主色调的日子，心想："除了这些，我还能做什么呢？"

到了1994年末，段云松竟然又开起了茶馆，最初的时候，生意很冷清，但段云松告诉自己说："不用怕，迟早会挺过去的！"后来段云松终于等到了茶艺市场的启动，那一年是1997年。

接下来，段云松马不停蹄地又建起了第一家茶艺表演队，代培茶艺小姐，批发茶叶茶具，为开茶艺店者提供各种各样的服务，与此同时，还筹建了北京第一所茶艺学校……

有一次，段云松诙谐地说，一天，他去王府井饭店办事，令他万万没有想到的是，前来为他提行李的人，竟然就是十年前嘲笑他的那位同事。

其实，每个人身上都蕴藏着天赋，它会像金子一般在自己淡然的生活中平添几分美丽，而那些总觉得自己一无是处的人永远都看不到自己的闪光点。无论所处的环境是怎样的，我们都要试着给自己一个承诺，然后为了它努力奋斗，迟早有一天，命运会向你展开微笑的脸庞，从此你的生活也会发生翻天覆地的变化。

　　要学会承诺自己，就要让他人感受到自己的独特；就要阻止任何烦恼的事来惊扰自己的内心；就要时时刻刻看到事情光明的一面；就要乐观积极地为自己尽力去争取；就要用自己的坚强挑战生命中的每一个艰难时刻；就要不怨不怒，无所畏惧地迈开前行的步伐；就要以宽广的胸怀去主动拥抱未来的成功。

　　有时候，你渴望拥有的东西虽然现在不属于你，但不代表它永远不能属于你，先给自己一个承诺，告诉自己这是未来自己能够拥有的，那么未来的某一天，通过你的拼搏，一定会得到自己想要的一切。

　　当年，李宗盛未能如愿考入音乐学院，他并没有因此而气馁，而是重重地跺了一下双脚，将自己的右手慢慢地抬起来，大声地向自己承诺道："音乐，以后我就干这一行了！"

　　就是这样给了自己一个承诺，如同一颗鲜嫩的种子扎在了他的心中。十年时间过去了，李宗盛却成为了一名响当当的人物——"实力派"词曲作家和唱片制作人。

　　后来的李宗盛尽管已到了知天命的年龄，但是，他并未停下追求音乐的脚步。他和同样爱音乐的罗大佑、周华健、张震岳成立了"纵贯线"组合，又掀起了音乐的阵阵浪潮。曾经有媒体采访他，问及其中的缘故时，他笑着说："因为热爱，以前说过要一直干这一行，我怎能食言呢！"

　　在现实生活和工作中，我们每个人都应给自己一个承诺，它可以时刻鞭策我们成长，时刻激励我们前行，只要辛勤地给它阳光、空气和水，将来总有一天，这颗梦想的种子会生根，发芽，开花，结果！

只要不放弃，梦想永远近在咫尺

广告词说的好，一切皆有可能。这个世界充满了奇迹，只看你是否有勇气去创造。

伟人并非一开始就是伟人，在他们成就梦想之前，总会经历很长的一段蛰伏期，在这段时间里，他们会接受无数的置疑和偏见，甚至是侮辱……但不管别人怎样看待他们，即便是把他们当作疯子，他们也当自己是天才，相信自己的未来，正是有着这样的心态，才能坚持到最后，梦想成真。

心理学家曾经做过这样一个实验，将两辆外形和使用程度完全一样的汽车停放在同一个车场，打开其中一辆车的引擎盖和车窗，而另一辆则保持不动。结果发现，打开车窗和引擎盖的那辆车在3天之后就遭到了人们的破坏，变得面目全非，而另一辆车则没有什么变化。这时候，心理学家将剩下这辆车的玻璃打碎一块，仅仅一天之后，所有的玻璃都被别人打碎了，内部的东西也一点不剩的丢光了。

根据这个实验，心理学家得出了著名的"破窗理论"。这个理论认为：人们认为那些坏的东西即便是让他再坏一点也无妨。而对于完美的东西，所有的人都会发自内心地维护它，不愿主动破坏；而那些残缺的东西，大家则从来不会在意。

人们也曾经用破窗理论在一座城市里做过类似的实验。

在一条非常干净的街道上，实验者们扔了一些生活垃圾，然后刻意不去打扫它们。过了几天，整条街道就被铺天盖地的垃圾堆满了，碎纸片和塑料袋漫天飞舞。同时，人们把另一条街道打扫得一尘不染，并且随时打扫，让这条街道时刻保持清洁。过了一段时间，人们发现，这条街道即使不去打扫也会保持整洁，总会有人主动把散在街道上的垃圾扔进垃圾箱；如果碰到外人往地上乱扔垃圾，还会有人制止。

没有比自己放弃自己更可怕的事情了。你觉得自己的梦想是可以实现的，眼前的困难是可以克服的，时间久了，别人也会通过你的信念相信你。但若是你选择破罐子破摔，那么就不能再怪别人还要踩你一脚。

若想赢得成功，实现梦想，你就要永远保持积极向上的心态，永不自暴自弃。

女孩道恩·罗根斯，出生在美国北卡罗来纳州罗恩达尔市，她出生在一个非常贫困的家庭，她和哥哥肖恩从小就跟着生母和染有毒瘾的继父四处流浪。在大部分时候，他们一家人都住在没有水电的破旧房子里，只能在公共厕所里洗澡，点蜡烛念书。

有一天，罗根斯向学校老师去借蜡烛，人们才发现她的悲惨生活。由于家里没水没电，所以她和哥哥要走20分钟的路去打水，而且经常连续两三个月也不能洗澡、几星期穿同一套衣服到校。小的时候，罗根斯根本不知道自己的生活和别人有什么区别。只记得同学给她取了个外号叫"脏孩子"。直到初中时，同学们仍然这样叫她。

更不幸的是，不久之后，罗根斯的父母突然扔下一双儿女悄然失踪，罗根斯和哥哥从那以后就成了没爹没娘的孤儿。由于父母的失踪，罗根斯和哥哥连一个家也没有了，兄妹俩每天晚上只好去朋友家借住，睡在人家的沙发里。让人钦佩的是，身处逆境的罗根斯并没有因此而自暴自弃，在如此艰难的情况下，她依然坚持完成了学业！

后来，罗根斯以优异的成绩考取了哈佛大学。罗根斯的事迹也被搬上了新闻，不少人都为之动容。在经历了人生种种考验之后，罗根斯说："没有任何借口能让你自暴自弃，一个人必须尊重自己，而后才能得到别人的尊重。"

　　恐怕我们不会再遇到比罗根斯更倒霉的事情了，所以我们根本没有借口去自暴自弃。或许你的生命中也有些不完美，但是你不必为此感到难堪，你应该意识到，自己也有别人所没有的才能。如果你因为一点点的坎坷和不幸就陷入自暴自弃当中，就不要指望获得他人的尊重，更不要指望能赢得人生。因为从你放弃努力的那一刻起，你也在向所有人宣布，我是个彻头彻尾的失败者。

　　在追求梦想的路上，有的人遇到一点点挫折时，就感觉承受不了，然后自暴自弃，要么逃避，要么就破罐子破摔，甚至走上报复社会的道路，认为所有人都对不起自己，这些人其实就是一些输不起的懦夫。如果你也常常因为一点挫折就放弃梦想了，恐怕从此就失掉了梦想，这是人生最大的失败。

　　生活或者事业不可能事事如意，通往梦想的大道上会遇到许多障碍，但只要我们不被失败打倒，不气馁，持之以恒，始终坚定如一，最后赢的一定是我们。

PART 5 / 穷与富的转变不难，习惯不同，命运便不同

梦每个人都是两个肩膀扛一个脑袋，为什么会有贫富之差？这源自每个人都有不同的习惯。一个好习惯，在不经意间可助你一臂之力，而一个坏习惯却会将你推至悬崖，狠狠地摔下去。如果你正在迷茫，找不到前进的动力，不妨从改变习惯开始。

越努力，越勤奋，越幸运

许多人一心只想一鸣惊人，却从不去勤奋努力地工作，等到忽然有一天，看见起步比自己晚的人，比自己天资笨拙的人，都已经有了可观的收获，才惊觉自己这片地里还是一片荒芜，这时才明白，不是自己没有理想或志向，而是自己一心只等待，却忘记了用勤奋播种、施肥、锄草。

这个世界上确实有天才，但天才不等于可以不努力。世人眼中的哈佛是世界最高学府，能进哈佛的学生一定天赋异禀，可是哈佛的校训中就告诫人们只有勤奋才能有所收获。

爱因斯坦曾说过："人的差异在于业余时间。"每人每天工作的时间都是 8 个小时，付出的也都差不多，获得回报也差不多，但要想改变自己的人生，让自己与别人不一样，就必须用上业余时间，谁的业余时间用在学习上的越多，那么他获得成功的几率就越大。

1903 年，在纽约的数学学会上，一位叫作科尔的科学家成功地解决了一道世界数学难题，在人们惊诧和赞许之中，有一个人向科尔问道："科尔先生，你是我见过最有智慧的人。"

科尔笑了笑，回答道："我不是最有智慧的，我只是比你们更勤奋罢了。"

听到了科尔如此回答，那个人很疑惑，卡尔说："你知道我论证这个课题花了多少时间吗？"

那个人说："一个礼拜。"卡尔摇了摇头。

"一个月？"卡尔还是摇了摇头。

那个人见到卡尔否定，很吃惊地问："我的天啊，不会是一年吧！"

卡尔笑了笑，回答道："先生，你错了，不是一年，而是三年内的全部星期天。"

一分耕耘，一分收获的道理是永远不会变的。在成功的路上，人人都希望有捷径，能够付出最少的努力获得最大的收益，事实上这是不可能的事情。成功唯一的捷径就只有勤奋。即便你聪明绝顶，不肯花时间、花精力，最终也只能被普通人超越。

人生是一个过程，重在拼搏，无论是伟大的领导人还是牢狱里的囚徒，终点都是死亡，这是没有差别的。重要的是你的过程要怎样度过，每天只知道享受，那么最终定会因为之前的享受而拼命努力。一开始就习惯于拼搏的人，最终会陶醉在这个过程中，到老时说不定还能写下一本厚厚的回忆录来叙述自己精彩的人生。

据说哈佛大学的图书馆昼夜都开着，即便凌晨四点也会有很多人在那里学习。在他们看来，一生实在太过短暂，想要知道更多的真理，就需要付出更多的努力，利用每一分每一秒。没有人能浑浑噩噩地过日子，所有人都应该为了更好的生活而奋斗，可以是物质生活，也可以是一种精神境界，无论是哪一种，都需要你遏制懒惰的因子，这样你才能为自己创造出一个别样的世界。

曾有人问李嘉诚成功的秘诀，李嘉诚讲了这样一则故事：曾有一位从事推销行业的新人，问日本"推销之神"原一平推销的秘诀是什么，原一平当场脱掉鞋袜，对他说："请你摸摸我的脚板。"

这位新人满脸疑惑地摸了摸对方的脚板，十分惊讶地说："您脚底的老茧好厚呀！"原一平说："因为我走的路比别人多，跑得比别人勤。"记者略微沉思后，顿然醒悟。

李嘉诚讲完故事后，微笑着说："我没有资格让别人来摸我的脚板，但我可以告诉你，我脚底的老茧也很厚。"当年李嘉诚每天都要背着装满样品的大包马不停蹄地走街串巷，从西营盘到上环再到中环，然后坐轮渡到九龙半岛的尖沙咀、油麻地。

李嘉诚说："别人8小时就能做好的事情，如果我做不好，我就用16个小时来做。"

李嘉诚早先在茶楼当跑堂，拎着大茶壶，每天10多个小时来回跑。后来当推销员，依然是背着大包一天走10多个小时的路，由此可知，李嘉诚的脚板未必没有原一平的厚。

勤奋是成功的根本、基础、秘诀。没有勤奋，即使你天赋奇佳，也只能碌碌无为一生。任何一项成功都不会轻易得到。因此，人应当在年轻的时候就培养"勤奋努力"的习惯。

日本最成功的企业家之一松下幸之助说过："我在当学徒的七年中，是老板的教导让我养成了勤奋的习惯。所以在他人视为辛苦困难的工作，而我自己却不觉得辛苦，反而觉得快乐。青年时代，我始终一贯地被教导要勤奋努力，所以，我能力提升得很快，也抓住了很多的机会。"

机会说不定什么时候就会降临，但有时只是因为手脚慢了一步便错过了。这不是机会给你的时间太少，而是你的动作不够快。不是你的能力不够，而是你的勤劳不够。就像李嘉诚说的那样，8个小时做不好的事情，就花上16个小时的时间去做。勤能补拙，只要肯勤劳，就没有得不来的成功。

"拖延症"，这是病，得治

行动上的懒惰，让人错失良机，陷入被动。而思维上的懒惰，让我们变得故步自封，冥顽不化。所以，我们不仅要克服行为上的懒惰，更要克服思维上的惰性。

如果具体地来解释这个名词，那么惰性思维可以解释为人类思维深处存在的一种保守的力量。拥有惰性思维的人，总是在用老眼光看新问题。他们懒得接受新思想，因而他们总是喜欢抱着过去的知识和经验不放，习惯用曾经被反复证明有效的旧概念去解释变化世界的新现象。

在生活的旅途中，我们如果总是按照一种既定的模式前进，固然会显得很轻松，但是长此以往下去，就会衍生出消极厌世、疲沓乏味之感，还可能犯"刻舟求剑"的错误。所以说，惰性思维让生活更加乏味。更为可悲的是，如果走不出思维定势，我们往往走不出宿命般的可悲结局。

一家马戏团突然失火，人们四处逃窜，所幸没有人员伤亡。但令马戏团老板伤心和不解的是：那只非常值钱的大象却被活活地烧死了。

"这怎么可能呢？拴住大象的仅仅是一条细绳和一根小木棍啊！"老板怎么也想不通。

通常，没有表演节目时，马戏团人员会用一条绳子绑在大象的右后腿，然后绑在一根插在地上的小木棍上，以避免大象逃跑。我们都知道以大象的力量，可用长鼻子卷起大树，拖拉巨大的木材，甚至可以一脚踏死动物，为什么它会如此乖乖地站在那里呢？

　　原来，当这头还是小象的时候就被被捕捉了，马戏团害怕它会逃跑，便以铁链锁住它的脚，然后绑在一棵大树上。每当小象企图离开它时，它的脚就被铁链磨得疼痛，流血，经过无数次的尝试后，小象并没有成功逃脱。于是在它的脑海中形成了一旦有条绳子绑在它的脚上，那就是永远无法逃脱的印象。因此，当它长大后，虽然绑在它脚上的只是一条小绳子或一根小木棍，但它却再懒得去思考拴住它的是什么东西。

　　对于这个大象而言，惰性思维让它懒得挣脱束缚，最后被大火活活烧死，这样可悲的结局我们肯定要避免。也许你觉得这样愚蠢的事情不会发生在自己身上，但这个世界瞬息万变，一切都是有可能的，你若是不肯改变固有的懒惰思维，习惯拖沓，那么你永远都不会选择拼搏，无论你本身贫穷还是富有，最终的你都会变得一无所有。

　　如果想要克服惰性思维，就有必要先了解惰性思维的几种表现形式。对于一个人而言，如果身上沾染上了以下三种毛病，就可以断定他陷入了惰性思维的怪圈。

　　第一个毛病就是只把精力投入到表面。

　　透过现象看本质，把对事物表面的感性认识上升到对本质理解的理性认识。这个道理其实我们大家都懂的，然而事实上我们却又总是习惯于被表象所迷惑，甚至一再地重复犯错。

　　我们有句成语叫"碌碌无为"，忙忙碌碌却无所作为！很多时候很多人，总是一副忙得不可开交的样子，然而一旦让他们细细回想一下，却又会茫然，不知其忙的意义所在。总把过多的感情与精力投入到外在的表象，而忽视甚至无视了其本质的东西。

　　第二个毛病是总在想当然。

　　我们总是习惯以"我想应该是这样的"为借口，来作为搪塞进一步思索的理由，而惰于进一步地去思考，却也一次次地导致了我们与一个个机会失之交臂。

其实很多事情，总和我们以为的不一样。就像那只井底的蛤蟆以为天只有井口那么大一样，所有的"想当然"不过都是人们主观的产物，感性的东西，而现实终究是客观的。

最后一个毛病最可怕，那就是不寄予希望。

"与其还要跌倒，不如不再爬起。"总有些人存在如此消极的意识，跌倒而不再爬起。

曾有人做过这样一个实验：将一条鲨鱼和一群热带鱼放在同一个池子，然后用强化玻璃隔开。最初，鲨鱼每天都不断冲撞那块看不到的玻璃，奈何只是徒劳，始终无法过到对面去，而实验人员每天都要放一些鲫鱼在池子里，所以鲨鱼也没缺少猎物，只是它仍想到对面去，想尝试一下那美丽的滋味，每天仍是不断的冲撞那块玻璃，它试了每个角落，每次都是用尽全力，但每次也总是弄得伤痕累累，有好几次都浑身破裂出血，持续了好一些日子，每当玻璃一出现裂痕，实验人员便马上换上一块更厚的玻璃。后来，鲨鱼不再冲撞那块玻璃了，对那些斑斓的热带鱼也不再在意，好像他们只是墙上会动的壁画，它开始等着每天会固定出现的鲫鱼，然后用他敏捷的动作进行狩猎，好像又找回了在海里那不可一世的凶狠霸气。实验到了最后的阶段，实验人员将玻璃取走，但鲨鱼却没有反应，每天仍是在固定的区域游着，它不但对那些热带鱼视若无睹，甚至于当它的美餐——那些鲫鱼逃到对面去，它也会放弃追逐，说什么也不愿再过去。

很多人就像这些鲨鱼，经过一段时间的努力没有达到预期的目的，便会不再抱以希望，而选择放弃，也不愿意再次进行尝试。这种人多是遭受过巨大的打击，或是长期被外界否定，对自身的能力产生怀疑，过低地评价了自我，丧失了希望及追求的热情，进而消极怠慢于行事。

明天的困难并不可怕，不愿面向明天才是真正的可怕。什么都想拖到以后，却又被未来的险阻所吓倒，时间在前进，你却在倒退。有人说，阻止人们生活前行的不是路上的大石头，而是自己鞋里的小石子，而这颗小石子就是惰性思维。让我们行动起来，搬走心中的那块石头吧，它没有你想象中的那么沉重。

先看终点，后起跑

如果说，我们眼前的人生是一片荒漠的话，那么目标无疑是我们追寻的唯一道路，帮助我们脱离困境的一条生路。虽说每个人都想要逃离沙漠，但并不是每个人都能够真正做到，智者会选择先观察、分析、思考，找出一个方向，然后向着这个方向一直走，最终，这样的人总能找到人生中的繁华城市。可有些人处于荒漠之中，却毫无方向地四处乱窜，这里找不到，就换一个方向，到最终体力透支，被困在了荒漠之中……

后者显然是悲哀的，但世界上并不乏这样的人。他们想要脱离现状，却又不知从何入手，空有力气，却没有方向，最终四处碰壁，失去了闯荡的热情，也失去了对人生的信心。其实问题很简单，就是这个人没有找到目标，他不知道自己的终点在哪里，只是随波逐流，盲目浪费着自己的精力和时间，这样的人自然难以成功。

成功的人有时就像偏执狂，他们会向着一个方向用尽全力，不管不顾地往前冲，虽然也有艰难险阻，但他们知道要如何做才能保持自己的方向。由此，我们就不难看出目标的重要性。如果你不明确自己的目标，那么你所做的一切努力就是无用功，走来走去都不过是在原地转圈罢了。

李·艾柯卡在美国企业界绝对是一个光彩照人的企业明星，在美国，他的名头可一点都不比比尔·盖茨、沃伦·巴菲特这些举世瞩目的社会精英来得小。李·艾柯卡之所以能够达到这个高度，这跟他在开始奋斗前就有一个非常明确的奋斗目标是分不开的。

艾柯卡在大学毕业后进入了福特汽车公司实习，成了福特的一名见习工程师，可是艾柯卡志不在此，他对整天与无生命的机器打交道的工作感到索然无味。他想去做销售工作，因为他觉得搞技术晋升得实在是太慢了，只有做销售才有可能实现他在35岁前当上福特公司副总裁的宏伟目标。终于，公司经不住艾柯卡的软磨硬泡，终于把他调到了销售部门当了一名推销员。

由于艾柯卡的虚心好学，他很快掌握得了如何说服顾客、如何揣摩顾客心思的技巧，这是推销员必备的本领。不久，由于业绩突出，他被提拔为宾夕法尼亚州威尔克斯巴勒地区的销售经理。几年后，艾柯卡又被提为费城地区销售副经理，如果艾柯卡没有执意要改行做销售的话，恐怕到现在还仍然只是个小小的见习工程师呢。

这时，福特公司推出了他们最新款的56型车，为了扩大销量，艾柯卡推出了"56元换56型"的销售计划：顾客买一辆1956年型的福特新车，先付20%的钱款，以后每月付56美元，3年付清。艾柯卡创造的这种最新的销售模式果然受当地居民的欢迎，仅仅不到3个月的时间，福特汽车在费城地区的销量竟然奇迹般地从原来的最末一名，一跃成为了第一名。艾柯卡的分期付款销售模式得到了福特公司的高度重视，福特公司把这种分期付款的推销方法在全国各地推广后，公司的年销量猛增了7．5万辆，艾柯卡也因此名声大振。

不久，为了表彰艾柯卡的功绩，福特公司晋升他为整个华盛顿特区的销售经理。几个月后，年仅32岁的艾柯卡又调到福特公司总部，担任卡车和小汽车两个销售部的部门经理，在人称"神童"的福特汽车公司副总裁、后来成为了美国国防部长的罗伯特·麦克纳马拉手下工作。在总部，除了为人所熟知的销售才能之外，艾柯卡又显示出了非凡的管理才能，这使得他深得上司麦克纳马拉的赏识，四年后，麦克纳马拉升任总裁，艾柯卡则接替了自己老上司的职位，副总裁和福特分部总经理的职务，时年36岁。

这，比艾柯卡在刚刚进入福特公司时给自己立下的"35岁前当上福特公司副总裁"的时间，仅仅晚了一年。

艾柯卡能在36岁就当上福特公司的副总裁，这并不仅仅得益于他卓越的销售才能和管理才能，更是因为他从进入福特公司伊始，就为自己定下了一个奋斗的目标。虽然这个目标在绝大多数人看来都是天方夜谭，但正是由于这个目标对他的不断指引，才使得艾柯卡坚定地朝着一个方向不停地奋斗，并最终从一个小小的推销员扶摇直上而成为福特公司副总裁。试想一下，如果他没有这样一个终极目标，那么他的人生将会怎样？

命运不会给你成功，但会给你成功的机会。若是你连自己想要什么都不知道，那么这些机会对你将毫无意义。

目标给我们带来创业的动力，但是如果同时存在一个以上的目标，或是目标经常发生变化的话，那么这些目标给我们带来的动力就会互相抵消，因此，世界著名励志大师戴尔·卡耐基才会在分析了众多个人事业失败的案例后得出"绝大多数人事业失败的一个根本原因，就是精力太分散"这个结论。

"瞧这儿，"一个农场主对他的儿子杰克说，"你这种犁法是不行的，你看看你把田都犁歪了，我告诉你一个窍门，你只要紧紧盯住田地那边的某样东西，然后以它为目标，朝它前进，犁出来的地垄沟自然就直了。你看，大门旁边的那头奶牛正好对着我们，现在把你的犁插在土里，然后对准它，你就能犁出一条笔直的地垄沟了。"

"我懂了，父亲。"

10分钟以后，当农场主再来检查时，他看见犁痕弯弯曲曲地遍布整个田野。

"停！快给我停下！"

"父亲，"杰克说，"我绝对是按着您交给我的窍门来做的，我笔直地朝那头奶牛走去，可是那头奶牛却走了。"

这则寓言给我们的启示是：如果目标总是在变动，你就不得不在这个目标和那个目标之间疲于奔命，这种行事方法除了招致失败以外，还能带来什么呢？事实的确如此，绝大多数的失败者几乎都有过不断更换目标的经历，他们的目标会根据环境的改变不断改变，当环境不利于他的时候，他就会想要换一个方向前进，反正人生还长。但人生给我们的时间是有限的，你不可能有太多的时间去尝试。

我们有什么可怕的？人生本就一无所有，在制定了目标之初你就应该断掉自己所有的后路，只有这样，你才会向着一个方向迈进，不断拼搏，最终到达成功的彼岸。没有任何东西能比一个明确的奋斗目标给我们带来的助力更大，教育不能，天分不能，才智不能，勤奋不能，意志的力量也同样不能。如果你想做一个真正的聪明人，那就不应该总是改变自己的目标。

事实上，抛弃原来的目标而转投新目标，损失是相当大的，你要知道，为了曾经的目标，你曾做过多少准备，积累了多少经验，花费了多少时间，这些都是补不回来的。当你变换了一个目标，就等于从头再来，你之前所做的一切努力都将付之东流。也就是说，过去向着目标努力奋斗所获得的成果几乎都变得完全无用了。另外，人都是有行为定式和心理惰性的，到了一定的年龄，经验增长了许多，锐气却也消磨了不少，慢慢地也就甘于平庸，再也没有面对新挑战的勇气和决心了。而这，恰恰是没有成功却渴望成功的我们不愿意看到的。

　　青春有限，时间有限，我们拥有的就是一股子热情，一股子勇气，不要前怕狼后怕虎，要知道，拼搏之初你就已经没有了退路。看清自己的心吧，问问自己真正需要的是什么，根据自己的需要制定一个目标，然后向着这个目标前进，总有一天，你会发现，远在天边的终点已经被你踩在脚下了！

靠谱的人，成于细节，终于实力

"泰山不拒细壤，故能成其高；江河不择细流，故能就其深。"细土慢慢累积才形成了泰山的高大雄伟，小小细流合并才形成了江河的波澜壮阔。不要小看任何一个细节，每件大事都是由小事组成的，所以，任何事情哪怕是一个小细节，都有可能造成重大损失，甚至全盘皆输。"天下无易事，需要细心人。"

没有一个细节是简单的，任何细微的东西都有可能成为决定成败的关键。流水线上一个环节的小小失误就会导致劣质产品的出现；文案中一个小小的数字就可能会导致提案的失败。"失之毫厘，差之千里。"即使你对工作再热情，如果不认真细心的话，最后也难以敲响成功的钟声。

某医院的妇产科来了个实习医生。

她大学毕业后分到某地区，已经可以独立进行手术。一次在观察老医生做人工流产时，她在旁边小声说："出血这么少，我做时比这多。"

老医生意识到问题严重，立即问："你手术时器械进深多少？"

她回答的数字令老医生吃惊，足足多出四分之一，器械过深容易造成出血。老大夫生气地说："你这是草菅人命啊，没看过教科书吗？上课时怎么听的课？实习时难道没操作吗？"

她小声说："以为人工流产很简单，没仔细看书。"

实习医生疏忽了四分之一却极有可能害掉一条性命。他可能没有认真读书，可能上课时一时走神儿，也有可能实习时顺手一做，总之，他从来没有细心地注意过自己的手术刀有多么重要。细心是一种素质、一种习惯更是一种修养，无论做什么职业，都要细心严谨，每个细节都有可能付出生命的代价。

我们上学时，常常会因为一个小数点的位置而错掉一道题，那时付出的代价也许只是一顿批评而已，但是如果生活中一个小数点的的疏忽却十分可怕。

1967年10月25日，苏联"联盟1号"宇宙飞船的宇航员马洛夫在完成任务的归途中，突然发现自己的降落伞出了故障，无法为飞船减速了。这就意味着，飞船将以飞快的速度和巨大的冲力坠落地面。科马洛夫在生命的最后一刻与家人进行告别，他对自己的女儿说："在学习中一定要认真对待每一个小数点，因为'联盟1号'飞船的坠毁就是因在起飞前的检查中忽略了一个小数点，这就是一个小数点的悲剧！"

一个小数点酿成了一场悲剧，是谁疏忽了细节而酿成了这场失误已经没有什么意义了，最重要的是一个细节的失误让所有人都付出了沉痛的代价。如果我们总以草率的态度去对待工作，那么总有一天我们会为今天的大意而感到后悔的。

每个小的工作细节可能看似不起眼，但是，假如我们把台历上的过期贴纸及时撕掉，办公桌就会变得整洁；假如我们把电脑中的临时文件及时清除，电脑的运行速度就会加快。虽然我们的生活不会那么完美，但是如果能够将它们尽量做得完美，那么生活就会变得更加幸福，甚至会有意想不到的惊喜。

一位姓余的大老板因公到泰国出差，他入住了世界一流的东方饭店。他这并不是第一次入住，几乎每次出差他都要在这里下榻，因为这里不论是外部环境还是服务态度，甚至每个细节都让他非常满意。

一天早上，余老板刚刚走出房门，他准备去楼下用餐，当他走到电梯旁时，楼层服务小姐走上前，说："余先生，您要下楼用餐吗？"余老板点点头，但是他很惊讶为什么楼层小姐认识自己，但是又一想，也许自己常常在报道中出现，比较好认吧。想到这儿疑问也就打消了，于是快步走进餐厅。

"余先生，您早，里面请！"餐厅服务小姐在门口迎接着。怎么会又有人认识我？大老板不禁愣在那儿。餐厅服务小姐看出了余老板的错愕，马上询问："余先生，有什么需要帮您的吗？"

"你们认识我吗？"余老板问。

"是的，我们这儿有规定，当客人入住时，一定要认清每一位客人。"小姐微笑着回答。

"哦！"余老板不由地在心中赞叹，他继续问，"那你怎么会在电梯口迎接我呢？"

服务小姐微笑着解释说："上面打来电话，说您要下楼用餐了。"

余老板十分惊讶东方饭店高效率的办公和体贴入微的服务。

当服务小姐把余老板带到餐厅后，问："余先生是要老位子，还是换个新位子呢？"

"老位子？"余老板奇怪地问，"难道我去年用餐的位子你们还记得吗？"

"是的，我已经查过您的记录，在去年6月8日的时候，您在靠近第二个窗户的位子上用过早餐。"服务小姐详细地说出了位子，余老板心里激动万分，忙说："那就老位子吧！"说实话，连他自己也不记得去年用早餐的位子。

服务人员很快把早餐端了上来，一份样子很特别的点心摆在了桌子上。余老板好奇地问："中间那个红色的是什么？"

服务小姐看了一眼，然后身子自动向后退了一步给他解释。

"旁边黑色的是什么做成的？"余老板又问。

服务小姐向前看了一眼，又后退一步解释。

余老板心中对东方饭店的服务佩服之极，服务小姐为了防止说话时口水溅到食物中，后退给客人解释，连这种小细节东方饭店都注意到了呀！

东方饭店给余老板留下了深刻的印象，只是一次短暂的泰国之旅就这样令人难忘。5年后的一天，余老板突然收到一张贺卡，里面还有一封简短的信："亲爱的余先生，您已经5年没有光顾东方饭店了，我们全体人员非常想念您，希望您再次光临。今天是您的生日，祝您生日愉快。"这时，余老板才想起，原来今天是他的生日，他十分激动地对身边的人说："如果去泰国，一定给我定东方饭店。"

"创造辉煌和卓越的并不是天才，而是那些微小的细节；挽救伟大事业的并不是英雄，而是高度的责任心。"东方饭店之所以能够成为一流酒店，那是因为他们不仅提供了良好的服务，还注意到了每个细节，把细节变得完美才有可能创造出伟大的辉煌。

一个饭店要赢得客人的青睐和满意，细节上的功夫很重要；一个公司要想谋求更好的发展，细枝末节胜过一个大的决策；一个人要想取得成就，就要认真对待一点一滴的小事，把"大材小用""不识千里马"的想法全部丢掉，一块一块的砖只有堆砌起来才会形成万里长城。

任何一个庞大的事物都是由无数个小细节结合起来的，忽视了细节，失败就会自动出现。要想取得成就并不难，只要具备强烈的责任感，创造完美的细节，终有一天必会成功。

优秀的人总在做优秀的选择

有什么样的选择，就会决定我们以后的生活是什么样的。应该说，在我们每个人的生活中，都会面临很多选择，决定我们今天生活的，就是我们之前做出的选择；而我们现在的选择将会决定我们以后的生活。一个人的选择不同，就注定会拥有不一样的人生。

从前，有3个人同时被关进了一家监狱，监狱长允许他们可以自己各提出一个要求。

第1个人由于喜欢抽雪茄，所以要了3箱雪茄。

第2个人由于最懂浪漫，所以要了一个漂亮女子与自己相伴。

第3个人，要了一部电话，说自己每天要和外界沟通。

三年时间很快就过去了，第一个冲出来的是那个要了雪茄的人，他的鼻孔里和嘴里都塞着雪茄，冲着人们大喊："快点给我火，快点给我火！"原来，他当初忘了要火了。

第二个走出来的是那个讨了老婆的人，他的手里抱着一个小宝宝，漂亮的女子还拉着一个小宝宝，同时，她已经怀上了第三个小宝宝。

最后走出来的是那个选择了电话的人，他感动地握住监狱长的手说："在这三年时间里，我每天都通过那部电话联系外界，才使我的生意没有停顿下来，并且利润还增至2倍，所以我对你表示深深的感谢，为表达我的谢意，我要送给你一辆劳施莱斯！"

我们暂时不去辨别这个故事人物的真伪性，重要的是，我们要吸取其中的道理，确实如此，什么样的选择决定我们未来什么样的生活。

　　选择对于我们未来的生活起着重要的决定作用，当然，对于人生十字路口处的选择，更是决定着我们以后的命运。其实选择也没有所谓的标准，关键在于，我们是否做出了对的选择，是否掌握了选择的伟大力量。

　　虽然我们拥有的不多，但是在漫漫人生路上，命运总会想办法给我们安插各种各样的选择，这看起来很像是通关游戏，因为不同的选择会走上不同的道路，但是我们要明白一点，人生虽然有着游戏的模式，但它终究不是游戏，若是随意挥霍为数不多的机会，那么结果可能让我们非常后悔，自然，在这条单行线上，我们没有任何重头再来的机会。

　　实际上，让我们做出选择并不是一件容易的事，因为在选择的过程中，我们的能力、胆识、见识等都会接受不同程度的考验。有的人选择了做生意、有的人选择了买图书、有的人选择了做时尚媒体、有的人选择了做培训等等。不管是踏足哪个领域，大家都想让自己扬眉吐气，风风光光。在人生的选择这件事上，对与错没有一个评判标准，区别只在于你更想过哪一种生活。总而言之一句话，只要我们做出的选择符合自己的性格与爱好，那么你所做出的选择就是正确的。

　　十六年前，杰夫·贝索斯萌生了要创立亚马逊的想法，那个时候，他刚刚三十岁，结婚也刚刚有一年时间。

　　那时的现实情况是，互联网使用量以每年2300％的速度增长，杰夫·贝索斯对此也是从来没有看到过，听说过。所以，一想起自己要创建涵盖几百万种书籍的网上书店，他就十分兴奋。

　　于是，杰夫·贝索斯就将自己打算辞掉工作的想法告诉了妻子，并且告诉她自己有一天会真的面临失败，而妻子非常支持丈夫去追随自己内心想法的那股热情，便鼓励他说："你应该放手一搏。"

　　那时，杰夫·贝索斯在美国纽约一家金融公司工作，同事们也十分聪明，公司领导处事也很智慧。在辞职后，杰夫·贝索斯就将自己想在网上卖书的想法告诉了老板，他的老板随后带他去公司散步很久很久，并劝他带再好好思考一下。

最终，杰夫·贝索斯还是决定自己拼一次，并且表示，一旦自己失败了，也决不会感到遗憾。就这样，他选择了一条在那时人们看来并不安全的道路。

杰夫·贝索斯就是亚马逊的创始人兼CEO，每逢想起当初的那个决定，他都为此感到骄傲和自豪。

是啊，如果选择了宁静，就意味着要过孤单的生活；如果选择了高山，就意味着要面临无数坎坷；如果选择了要成功，就意味着自己会经历很多磨难；如果选择了机遇，就意味着自己会承担许多的风险。不同的选择，直接决定着我们是否能够战胜自我，是否能超越自我，是否能大获成功。

无论家庭还是事业，都串联着很多种的选择。我们都希望自己幸福，希望自己成功，但是都需要付出艰辛的劳动，需要辛勤地去经营，并且还要看我们能否做出正确的选择。更重要的一点，就是不管我们做出了怎样的选择，都不要后悔，要尊重自己的选择，按照自己选择的路走下去，你才能拥有自己的精彩人生。

要谦虚，不要骄傲，前途一片光明

人生是一步步走出来的，这一步的失意不代表下一步的失败，同样的，这一步的得意也不能代表下一步的辉煌。然而总有一些人，喜欢把过去每一步的辉煌都放在嘴边。其实，让我们为之得意的成就只能代表过去，而不是随时拿来炫耀的资本。

美国汽车大王福特曾经说过："一个人如果自以为有了许多成就而止步不前，那么他的失败就在眼前了。许多人一开始奋斗得十分起劲，但前途稍露光明后，便自鸣得意起来，于是失败立刻接踵而来。"

诚然，有了一些成绩之后，我们都会不可避免地产生得意心理，但是，如果让得意常驻心间，就会慢慢腐蚀我们的心灵。时间一长，各种副作用就会接踵而来。

大宇集团是韩国最著名的企业。当年，大宇集团总裁金宇中拿着4美元创业，在短短的10年里，创造了超过700多亿的总资产，其公司在世界跨国企业中排名第115名。可是如今，昔日辉煌的大宇集团已经不复存在，旗下的分公司纷纷倒闭，集团也因为资产不够宣布倒闭。

中国有句古话："瘦死的骆驼比马大。"这么大的集团，怎么说倒闭就倒闭了呢？前后差距为什么如此之大？究竟是什么原因导致这样的结果？原来是金宇中在成功之后，骄傲自满，独断专行，而且做事从来不考虑周全。

在开发新公司的时候，他不顾大局，大力消耗人力、物力、盲目扩张分公司。旗下的分公司高达600之多，这样的结果导致企业的资金周转困难等一系列问题，最后达到了一发不可收拾的地步。

在商业的竞争中，类似大宇集团这样的案例多得数不胜数，如南德、三株这样国内的知名企业，有哪一个不是曾经风靡全国，他们的领导人一度被评为商业界的神话。但是，好景都不长，直到销声匿迹，再也不寻不到他们的踪迹。他们有一种共同点，就是沉醉于过去的辉煌，看不清眼前的形势，结果一步步走向了深渊。

一位商界名人说过："当别人都把你当做英雄的话，你千万不能把自己当做英雄。"是的，因为没有人会一辈子是英雄，最辉煌的时候，往往是最危险的时候。倘若被眼前的利益所蒙蔽，自认为能力不错，没有任何困难能够阻挡你，最后事实就会告诉你：你的想法是错误的。

所以，如果你现在正在享受着成功的喜悦，那么请你不要骄傲，也不要沉醉，因为同样有很多名人都有过与你相同的境遇，并且他们之后，很难再取得像之前那样辉煌的成就，甚至有的人，因为骄傲让自己损失惨重。因此，可以说，人生中最重要的，不是我们现在在什么地方，拥有什么样的条件，而是我们正在朝着什么方向迈进，在付出什么样的努力！

其实每个人的成功都是可以延续下去的，只要能够清除那些傲慢、得意的病菌，就仍然可以让你的成就和荣耀延续下去。

松下幸之助，被人称为"经营之神"，他在事业上取得的成就和辉煌为人所艳羡。但是，这位功成名就的企业家也并非一帆风顺，他有得意之时，也经历过失意时期。

20世纪三十四年代，二战爆发了，已经步入辉煌期的松下企业陷入危机。面对这种情况，他没有靠回忆过去辉煌的成就去度日，而是时时反省自己，找出自己经营上的劣势，管理上的不足。

几经思考后，他提出"重新开业"的口号。他将自己定位成一个创业的中年人，而不是一个业界有名的企业家。他对员工说："公司从33年前创办至今，这算是第一期，由1951年起算是第二期的开幕。当公司设立、开始业务的时候，一切事情都以谦虚的态度向人家学习。现在要重建我们的事业等于重新开业，我衷心期盼，恢复当年开办小店时的热情及对人对事的态度。"松下幸之助的努力没有白费，松下电器再次崛起，从此立足世界电子业。

"苹果之父"史蒂夫·乔布斯曾说过一句话："虚怀若谷，求知若渴。"得意之时，我们要淡定从容，并主动放下自己的骄傲。这样，我们就能够更清晰地认识自我，更客观地看到优点和不足，心灵空间也会随之变大，装入更多的成功。反之，则会沉浸在一点点的得意之中，永远迈不出这一步了。

餐桌上，一个父亲和朋友们谈兴正浓。父亲突然自豪地对众人说："我只有一个女儿，但我的女儿可了不起了。"说罢，转头又对自己的女儿说："去把你的证书拿来，给叔叔们看看。"

女儿三步并作两步跑回书房，拿起那一摞"整装待命"的证书，交给自己的父亲。父亲接过证书之后，就一一打开并对众人解说："这个是三好学生的证书""这个是钢琴九级的证书""这个是……"

介绍完了之后，女儿就像港台明星被隆重推出一样，听众们都啧啧称赞，有的对女孩报以赞赏的笑容，有的竖起大拇指说："真行！这孩子真不错！""比我们家那孩子强多了！""这孩子这么聪明，肯定像她父亲。"溢美之词让小女孩有些害羞，但更多的是骄傲。

但是当证书传到一个旁观者的手里时，这个人并没有像其他人一样开口赞扬，而是若有所思地说："这是你以前得的吧？"声音很平静。

"是的。"小女孩回答。

"那现在的呢？"此人语调仍很平静。

"现在的？"小女孩一愣，想了想说："没有。"

"小姑娘，过去的都已经过去了，一定要把握现在呀！"这人感慨地说。

小女孩和他父亲听了这一番话，觉得非常惭愧。

成功是值得开心、值得回味的，但人总要向前看，不能一直停留在过去。时光不等人，不管你是通过怎样的拼搏才有了今天这样骄人的成绩，若是你不懂得巩固自己的成就，不能向着更高的地方努力，那么最终你将会失去一切，你的成功也不过是镜花水月，只能供你回忆罢了。

"人外有人，天外有天"。曾经的胜利，曾经的辉煌，就让它留在心底，闲来无事，偶尔拿出来安慰一下自己，这没有什么不可以的，但万不可把它当成永远的荣耀，故步自封。大文豪王尔德曾说："人们把自己想得太伟大时，正足以显示其本身的渺小。"一个真正的智者，是不愿靠吃老本生存的，更不会原地踏步，而是力求百尺竿头，更进一步。

一个人如果总是沉浸在过去的得意之中，就不能发现自我、挑战自我和超越自我。其实，我们每个人都有属于自己的一份精彩，在人生的路上前行，如果你能走出过去的辉煌，保持谦虚求学的习惯，把每个新目标当成自我的一种挑战，战胜了这些，你也就开辟了人生的新篇章。

放下，刹那花开——幸福的真谛

在人们眼中，幸福是一个虚无缥缈的感受，很难给这个词语定一个固定的概念，因为每个人对幸福的理解都是不同的，有的人认为幸福就要有完美的外表和家世；有的人认为幸福就是要有挥霍不完的钱财；也有的人认为幸福就是一生、一世、一双人……其实，所谓的幸福不过是一种满足感。

日落时分，牧人准备赶着牛群回家，可是，当他清点数目的时候，却发现少了一头牛。牧人在草原上寻找丢失的那头，直到天黑也没能找到。牧人猜测，小牛可能是被人偷走了，于是他跪地祷告："神啊，我愿意奉献一只羊出来，只要让我找到那个偷牛的贼。"

牧人祷告完，继续寻找丢失的牛。走到一个山岗处，他看到远处有一只老虎在撕扯着那头牛。牧人吓坏了，他又一次向神祈祷："神啊，刚刚我说如果让我捉到偷牛贼，我愿意献出一只羊。现在，我看到偷牛贼了，也愿意履行我的承诺。但是，如果能够让我从老虎嘴下逃生，那我愿意再献出一头牛。"

这则寓言和幸福有什么联系？或许没有表面的联系，但仔细读就会发现，我们的幸福有时就像是牧人的选择。从结果来看，牧人失去了两头牛和一只羊，他应该感到郁闷，但换个角度看，会发现他过得也不错，至少他知道了偷牛贼是谁，还捡回了一条命。

人生就是如此，你想获得什么，总要付出些什么。

你选择拥有的过程，也就是选择了放弃的过程。人生路是条单行线，没有回头路，也没有多选题，你只能做一个选择，选其中一条路。聪明的人懂得，不管自己选择的路是否正确，都已经没有转圜的余地了，既然如此，就想办法哼着歌度过沟沟壑壑。到最终，回忆往事会发现自己有着别人没有的探险经历，一路艰辛却也快乐，不失为理想的幸福，不失为幸福的人生。

不过，并非所有人都能看开的，他们总是不愿意放弃，总想将所有的选项都试上一遍再做对比，但这样的结果往往是精力透支，不要说坐拥一切了，说不定还会丢失所有。

一位中年女子走进了一家大公司的门，她曾是某家公司的部门经理，这一次她希望在这家刚开始运作的新公司谋求到比从前更高的职位。

工作人员把她领进了屋，告诉她："现在，请您到隔壁的房间，那间屋子有多个门，每个门上都写着您所需要的工作的资料，你可以随意选择。如果您觉得哪个职位适合您，就看一下桌子上的资料。不过，当你离开一个门的时候，它就会自动锁上。也就说，您只能够前进，而不能后退。祝您好运！"

听完介绍，女士径直向隔壁的房间走去。

房间里有两个门，第一个门上写着"前台"，另一个门上写着"助理"。她毫不犹豫地选择了后者。

紧接着，她又看见两个门，左侧写的是"销售助理"，右侧写的是"经理助理"，她觉得后者与公司领导层接触的机会多，更有发展前途，于是，她走进了右侧的门。

她打开"经理助理"这个门之后，在房间里翻阅了一下资料，以她的能力完全可以胜任这个职位。但是在她翻阅资料的时候，突然看到房间里还有两个门，上面分别写着"市场部主任"和"行政主管"，她放下了手中的资料，走进了贴着"行政主管"的那个门。

进行之后，她没有看桌子上的资料，直接把目光盯在了屋内的门上，一个写着"文员"，另一个写着"客服"。她迟疑了一下，怎么职位变低了？难道自己走错了门？她疑惑地推开了写着"文员"

的门。

这一次，她又看见了三个门，一个写着"财务部总监"，另一个写着"生产部总监"，还有一个是"人力资源部总监"，因为自己不懂财务等知识，她最终选择了"人力资源部总监"。

进入"人力资源部总监"的门之后，她又打量了一下房间，果然还有一个贴着"总经理"的门，她又好奇地推开了门，可没想到的是这一次她竟然站在了大街上。

她想再退回原来的房间，可那扇门已经关上了。门上有这样一行小字："公司能够提供很多职位，但唯一不缺的就是总经理。"

天底下没有免费的午餐，也没有十全十美的事。任何选择与收获都有机会、成本和付出。有些时候，当事情不如自己想象的那么完美时，我们也总要去做点什么。很可惜，这个有能力的女人欲壑难填，不懂得做一些合适的选择。

人生路上幸福和不幸的机会是均等的，命运不会刻意安排你幸福或是不幸，任何事情都有两面性，是否选择幸福，决定权在你的手上。居高位的人确实有很多权利，但这并不一定能和幸福画上等号。故事中的女人真的有能力当总经理吗？她或许只是有这种欲望和野心罢了。就算当个文员又怎样？幸福，是眼下的生活，不仅仅是对外来的憧憬。

泰戈尔说过："当鸟翼系上黄金时，它就飞不远了。"幸福很简单，不要给它赋予太多的符号，给它太大的压力。放下是生活时时做出的清醒选择，学会放下才能轻装上阵，安然地等待生活的转机，顺利渡过人生中的风雨。

就算痛苦来敲门，你也要懂得它背后躲藏的幸福，坦然地放下遗憾，你便可以拥抱幸福。学会放弃，你才能在起伏的人生中淡然一笑，拥有海阔天空的人生境界。

勇敢的人从不会让人失望

　　恐惧的时刻,每个人都曾拥有。有的人经历过后就算了,而有的人却将恐惧转化成了心里的阴影,惧怕一切,躲避一切,最终勇气会被恐惧吞噬,从此没有胆量去做任何事。

　　实际上,恐惧并不会因为你的躲避而离开,相反它会时时找上门,打压你,恐吓你,让你无所遁形,无从前进。但若是你无视它,用勇气迎接它,那么你们的立场就转变了,恐惧最终会被你压制。

　　香港著名演员黄秋生在接受采访的时候,讲述过这样一个真实发生在自己身上的故事:

　　黄秋生幼年读书的时候,因为不小心犯了一个错误,被老师惩罚赤裸着全身站在操场上,而刚好这一幕被一名女生给看见了。这个女生看到以后,仅仅只是吓了一下,很快就把这件事给忘记了,但是黄秋生从此却噩梦不断,他总是梦见自己没有穿任何衣服走在人群拥挤的大街上。

　　这种状况一直持续到他第一次在电影里面拍摄一个相似裸露的镜头,那个噩梦才逐渐从他的生活中消失。

　　对于这一切,黄秋生笑着说:“当我直接面对自己恐惧的内心时,我就治好了我的病。”

　　在那个片子里面,他再一次将自己全身赤裸在别人的目光中,这一切,就好比直接走进自己的噩梦里面直面自己多年的恐惧。恐惧的特征就像是一种尚未来临的危机,它往往寄生于尚未触摸到的将来中,往往人们对危险的惧怕要比危险本身更可怕。如果我们无法从自己内心中真正克服恐惧,那么这个阴影就会一直跟着我们,变成一个怎么也无法逃脱的噩梦。

这就好比对失败的恐惧一样，只是这样的恐惧除了来源于失败，同样也来源于其他方面。

这是一个与世隔绝的小村庄，生活在这里的人祖祖辈辈都没有离开过，也从来都不了解外面的世界到底是怎样的。原来，村里唯一和外界联系的道路，被一只凶残巨大的怪物占据着。村里流传着一句告诫就是：无论如何都不要靠近怪物，要不然只有死路一条。

在保罗还是一个小孩子的时候，就常常会听到祖母的告诫："千万不要靠近山里的出口，那里有着一个可怕的怪物。"然而随着年龄的增长，已经长成一个健壮小伙子的保罗却对外面的世界愈发好奇和向往，他开始一次次地计划着如何去打败那只怪物。

保罗拥有技艺超群的箭法，就算是村里的老猎手也比不上他，保罗觉得自己完全可以打败那只怪物，但是他的这个想法却遭到了全村人的反对，他们觉得一直以来都和怪兽相安无事，保罗如果去挑战怪兽，势必会被怪物吃掉。

大家的阻拦并没有让保罗放弃，他还是想要去试一下。于是，等到天黑以后，保罗趁着大家熟睡的时候，悄悄地带着弓箭出发了。

在快要到达山口的时候，保罗感到十分紧张，他看到远处有个巨大的影子在不停地晃动，而且样子看起来非常凶猛，保罗的心里开始有点害怕了，但是转念一想，既然已经来了，无论如何都要试一下，于是，他勇敢地朝着怪兽走去。

可是，当保罗接近怪兽的时候却呆住了，原来所谓的怪兽只不过是一只蜥蜴而已。

因为村里流传下来的告诫："千万不要接近怪物，否则必死无疑。"也因此村里的人从没有走出过大山。这是因为村里人对"怪物"无比恐惧的心理，后来因为保罗的勇敢才揭开了一直困扰着祖祖辈辈的怪兽的真面目，只是一只蜥蜴而已。从此以后，村里的人也终于可以走出大山了。

生活同样也是如此，知难而进是一种精神，如果只是因为听说，或者在模糊的印象中将"对手"无限扩大化，继而犹豫和恐惧感将会使自己备受困扰。

生活中，有人恐高、有人晕血，大家会觉得这是小事情，但是如果通过自己的努力可以直面这样的恐惧，那么这将会使人一瞬间成长。比如，恐高的人就去蹦极吧，晕血的人也完全可以通过自己的意志战胜这样的恐惧。如果战胜了这些小的恐惧，那么在你的人生之中无论什么样的恐惧都将会一一被征服。

我们不妨再来看一位资深滑雪教练的授课心得：

"我在教别人滑雪的时候，有很多从来没有穿过滑雪板的人总是害怕自己从高坡上冲下去的时候，会因为速度过快而无法停止，或者因害怕而摔倒。他们总是不停地在自己的脑海中想象着各种各样可怕的场面，因而形成了一种对滑雪的恐惧。到后来，他们就真的不敢滑雪了。通常这个时候，我帮助别人克服恐惧的方法非常简单，就是我亲自去实现他们脑海中的恐惧场景，并要求那些初学者在一旁观看整个实践的过程。也就是说，如果有人害怕速度太快而无法停止，我就会向他们演示在什么情况下是没办法停止的。最后再演示如何做就可以停止下来。"

这样一来，通过别人的演示而重现恐惧，他们就会明白所谓的恐惧其实只是自己想象出来的。实际上，那些事物的本身并没有我们想象中那么复杂，只有通过实际行动才能改变人们的思维，也就是所谓的"直接面对"。

滑雪教练的心得告诉我们，大多数时候，人们的恐惧是因为自身的弱小而产生的。因为弱小，就会让人感到不安全，觉得自己的利益得不到可靠的保障。而利益是自身的一层保护膜，利益得不到保护，自身也就会感到不安全，并进一步产生恐惧。所以多半的人都会选择逃避。

　　要知道逃避并不能将恐惧消灭掉，它总会在不经意的时候跑出来困扰你，让你夜不能寐、食之无味。如果你愿意尝试去直面恐惧，你就会发现不一样的自己。

　　在大海浪潮翻起的时候，我们是选择退缩，还是勇敢搏击风浪？在现实严峻的情况之下，我们是选择放弃，还是勇往直前？

　　当感到恐惧时，你应该正视自己、增强自己的信心、沉着去面对，这才是人生。而想要获得生命中美好的一切，首先要做的就是勇敢。成功路上会有无数的荆棘，若是你连基本的勇气都没有，不要说成功了，前进都是不可能的事情。真正的强者从来都不是天生就拥有超凡的能力，而是因为他们具有百折不挠的毅力和勇气。如果不想做一个懦弱的人，就勇敢地面对将要经历的一切。

PART 6 / 人生总有起落，
走过低谷，就是上坡

　　世上不如意事，十之八九。有困境、有挣扎、有痛苦、有迷茫，这些都是人生的低谷，但这并不意味着你就没有前途，关键是你能否沉住气，重新振作。当咬着牙、忍着痛挺过去时，你会惊喜地发现：人生就该有一次低谷，这才是逆袭、蜕变的开始。

愿将欢笑声，盖掩苦痛那一面

　　为什么有人会觉得生活很苦闷？那是因为他太将受苦当回事了，也就是说，太看重苦闷这种状态带给自己的影响了。人们常说苦乐人生，人生中的苦难原本就无法避免。在遭遇到苦楚的时候，要学会用笑容化解。

　　有一位商人由于经营不善欠下了一大笔的债务，在得知他没有偿还能力的情况下，借债人纷纷前来讨债。巨大的压力之下，他的神经已经到了崩溃的边缘。无奈之下，他萌发了要结束自己生命的念头。

　　这时，苦闷至极的他想到了大学时期的一个哥们儿。他们曾经相当要好，只是随着商人的不断打拼，与朋友间的联系变得越来越少了，只是得知他在一个很偏僻的地方开了一家小农场。

　　于是，他几经辗转找到了那个农场。当时，正值盛夏时节，农场里种植了一大片西瓜。朋友见他到来自然是十分高兴，热情地摘了几个西瓜请他品尝。

　　对身边的事物好久都提不起兴趣的商人吃过西瓜后对西瓜的味道赞叹不已，就顺口说了一句："种这些西瓜应该很容易吧。"朋友笑着说："四月播种，五月锄草，六月除虫，七月守护……有一年，就在收获前，一场冰雹来袭，打碎了丰收梦；还有一年，正当西瓜花大量盛开的时候，一场洪水让这一切都泡汤了……"

　　商人听完后，联想到自己的遭遇，不由得感慨了一声："真不容易呀！"

　　朋友笑着回答："其实，和老天爷打交道吃一些苦头是再正常不过的事情，不经历风雨的西瓜，味道永远不是最甜的。"

商人若有所悟，一直紧锁的眉头也舒展开来。回到城市，他咬紧牙关，将这次的不顺和困苦当作人生的一场考验，最终重新崛起，成为一名现代化企业的老板。

苦是人生的一种自然状态，有苦才能知道甜是多么的美妙。不过这并非所有人都能领悟得到的。有人习惯于将自己的苦难当作自己的不幸，四处跟人诉苦，不断地揭开自己一直没有愈合的疮疤，日子越过越苦，心里越来越苦闷。

受了伤就赶紧上药，想办法愈合，下次引以为戒，这次受伤也算是有价值。总是在伤痛中辗转，一点不想着改变，这样的心态又怎么对得起自己受过的苦难呢？

莎士比亚说："聪明人永远不会坐在那里为他们的损失而哀叹，而用情感去寻找办法来弥补他们的损失。"

蒲松龄19岁那年初应童子试，最终以第一名的身份考中了秀才。他的文章深受当时的山东学政愚山先生的赏识。但是没过多久，蒲松龄一家便分家了，分家分得的又不是很公平，他的两个嫂嫂能打又能抢，而蒲松龄的妻子刘氏非常的贤惠。无奈之下，蒲松龄开始了自己长达45年之久的私塾教书生涯，而这种生活只能补贴自己的一些开销。到了30岁以后，因为父亲去世了，蒲松龄还要赡养他的老母，他穷到什么程度呢？"家徒四壁妇愁贫。"

在这种苦闷的日子中，蒲松龄并没有唉声叹气，而是选择了另外一条可以缓解自己压力、展示自己文学才华的道路，那就是写鬼怪小说，这也就是我们熟知的《聊斋志异》。关于这本书的成书过程，有一个很有意思的传说，蒲松龄为了写《聊斋志异》，在他的家乡柳泉旁边摆茶摊，请过路人讲奇异的故事，讲完了回家加工，就成了《聊斋志异》。

眼前的幸福都是过去的苦难换来的，不经历失去，就不可能明白拥有。蒲松龄正是这样，他虽然得人赏识，却没有改变自己的生活，苦难一样降临到了他的头上，可是他并不会就此放弃，而是选择勇敢地面对，经过几十年的苦难，最终成就了一番事业。

一位作家曾经说过："命运总是喜欢让伟人的生活披上悲剧的外衣，并且在他们前进的道路上设置重重障碍，以便让他们在追求真理的征途中锻炼得更加坚强。命运戏弄着这些伟大人物，但这是大有补偿的戏弄，因为艰苦的考验总会带来好处。"

人生总会有苦，苦终究无法避免。当各种各样的挫折接踵而至的时候，当遭遇别人冷言冷语伤害的时候，你有两种心态可以选择，一种是用眼泪来发泄内心的苦痛，另一种就是勇敢笑对苦痛，让自己的内心更加坚强。

坚强不只是写在纸上的口号，而是自己钉在心里的标杆。磨难既然降临到自己身上，那么就要将这种苦痛当作自己成功的垫脚石，这才对得起努力拼搏的自己。

一个年轻人因为生活不如意站在桥上想跳桥自杀，而他手里拿着一本诗集，诗集的名字是《命运扼住了我的喉咙》。这本诗集的作者听说这件事以后，随后拿了另一本诗集，冲向了河边，当他轻轻地走到年轻人的前面时，想要轻生的年轻人见有人上前，以为是强行劝阻的人，便做出欲跳的姿态大声嚷道："不要过来！你不用劝我，我是不会下来的，命运对我太不公平了。"

诗人冷冷地说："我本不是来劝说你的，我来到这里的目的是为了取回我的那本诗集。"

年轻人有点愣住了，他没想到自己喜欢的诗人也能过来。看到年轻人有些犹豫，诗人接着说："我要将这本诗集撕碎，不让它再危害别人的思想，我可以将我手中的这本诗集和你手中的那本交换。"

年轻人犹豫了一会儿，答应了诗人的请求，接过诗人手上的那本诗集。一看便有点吃惊：书名和自己手中的正好相反：《我扼住了生命的喉咙》。

　　诗人从年轻人手中接过那本诗集，对着它凝望了一会儿，转眼便将它烧得精光。烧完后，诗人又说道："以前我四肢健全时，我曾多次站在你那里；但当我经历了那场车祸变成残疾人后，我便再也没站在那儿过。"说完，诗人便选择了离开。

　　桥头的年轻人看着诗人逐渐远去的背影然后陷入了沉思，终于从桥架上下来了。

　　每个人都是自己命运的主人，在一切顺利的时候可能体会得还不那么明显，但是一旦遭遇到不顺甚至是打击，人们才会体会到乐观的心态所能够起到的重要作用。相信上帝，不如相信自己，相信意外的机遇，不如勇敢一点，坚强一点，笑对苦痛，让自己的内心慢慢变得强大起来。

　　当一个人的内心变得足够强大时，内心的焦虑和不安自然也就会消失。这样的人，注定会成就一番属于自己的事业。不过，内心强大这个很难，是需要慢慢磨炼的。有一句话说："摔一次，站起来；再摔一次，再站起来；摔了若干次，就爬起来若干次。"强者就是这样练成的。

经历风雨后的残花更有魅力

在离别时，人们常常喜欢用"一帆风顺"来做最后的结语。但是自然界的常识告诉我们：只有风帆直面风浪的时候，才会顺风顺水。其实，那些人生中的挫折就是吹向风帆的风，只有坚持住，直面它，才有可能顺风顺水地前行。成功后不偏离最初的梦想，受挫后不迷失坚持的方向，这也正是一个成大事者的气度。

常常有人抱怨自己的一生不如意，总是遭受各种无端的挫折，而一旦陷入到这样一个循环时，那么越来越多的不如意也就会如期而至。有很多人习惯将人生比作一场旅行，那些经历的挫折，在很大程度上都可以看成旅行中的岔路，只有历经这些岔路之后，才能找到正确的前进方向。

当我们在荒野中迷失了方向时，应该感谢上天让你获得了一份自救的能力；当我们在工作中遇到的困难的时候，老板的训诫让你不再犯同样的错误。

熟悉瓷器行当的人都知道，绝顶的瓷器是有着灵性的，它体现的是烧陶人的性格。而台湾的一位著名陶艺师以其二十年来对陶艺的坚持与喜爱，并不断地向前辈、大师学艺，历经无数次的挫折和失败，他的作品最终形成了独具一格的特色。

在陶瓷艺术中，这位陶艺师是一名十足的"痴汉"，艺术已经完全融入到了他的生命之中。他总是强调自己的名字中带有火字旁，他也很在意这个火，"都说炉火纯青才能让瓷器摇曳生辉"。与传统瓷器的烧制方式有所不同，他通过改变火在窑炉中穿行的过程来烧制别具一格的瓷器。

在材料方面，他也不同于以往的柴烧方式，而更多地运用燃气窑、电窑等多种方式来保证他想要的温度，特别是他最钟爱的小口瓶，因瓶口的直径只有0.1厘米，工艺难度非常高。根据这位工艺师的介绍，这样的瓶子，通常来说，烧10个其中9个都会以失败告终。可正是因为这样的工艺难度，才让他经常要埋头于自己的工作室不断地寻求改进的方法。在他看来，正是这一次次的挫折，让他不断地逼近完美，一次次的失败，最终让他成型的作品散发着迷人的光辉。

这位陶艺师的成功是多方面的，除了看不见的天赋外，我们看到的是他的坚持。这种坚持来源于他对挫折的理解，来源于对成功信念的不放弃。即便烧制一个自己心仪的陶瓷作品成功率是如此的低，他也坚信自己能够有看到完美作品的那一天，最终他的作品慢慢接近完美。

完美本不存在，因为你不曾创造。若是一心想着求稳，不肯努力，更不肯直面挫折，那么你的人生就是一个随处可见的瓶子。但若是你将这些挫折看作完美的原材料，那么最终你一定能创造出惊世之作！

出生在贵族家庭的巴威尔·利顿爵士，原本完全可以凭借家族财富享受着自由自在的奢华生活，但是他最终却选择了写作这样一个职业。众所周知，职业写作并不像外人想象中那样的清闲，它完全是一份苦差事，还经常需要熬夜，所以当时他的选择遭到了众多人的质疑。很多人认为他完全是哗众取宠，觉得以前没有丝毫文学才华表露出来的他只是为了满足自己的好奇心，体验一下生活而已。但是，只有巴威尔·利顿本人知道自己坚持这样做是为了什么。

经过夜以继日的煎熬，巴威尔终于创造了自己的首部诗作《杂草和野花》。然而，这部凝结着他心血的作品却被当时的文学界视为毫无价值。一位文学评论家甚至讥讽道："这就是真正的'杂草和野花'，巴威尔那个家伙还真是自不量力，以为凭一句'啊，美好的生活'就能够进入作家行列，实在是太可笑了。"

第一部作品的失败让贵族出身的巴威尔成了当时文学界最大的笑料，但是他并没有选择放弃，而是将他人的批评看作对自己人生的一种激励。于是，他继续埋头创作，过了一段时间后，他的首部小说《福克兰》问世了，令巴威尔感到沮丧的是，这又是一部失败的作品。在经过一次次的打击后，一些看不惯他的人对他的嘲讽就变得更加肆无忌惮了，认为他根本不可能在文学上取得任何像样的成就。

可是连续两次的失败并没有让倔强的巴威尔消沉，他仍然笔耕不辍，坚持着继续写作。或许正是这种倔强让巴威尔对文字慢慢有了灵感，一年以后，巴威尔发表了自己的第三部作品《伯尔哈姆》，这部作品一问世，就得到了广大的评论家以及读者的好评，成为一本为人津津乐道的好书。

从失败的阴影中走出来以后，巴威尔继续着自己的文学创作之路。在以后的作家生涯里，他又发表了许多优秀作品，并为广大读者所喜爱。

爱默生说："每一种厄运，都隐藏着让人成功的种子。"在一次次的挫折中，巴威尔没有被挫折打败，而是在挫折中找寻到了正确的方向。

温室里的花朵即便再鲜艳，它也没有经历风雨后的残花有魅力，一个不历经挫折的人，很难体会到百转千回后柳暗花明的喜悦。

挫折是成长中的常态，它让强者穿越迷雾，也让弱者无所适从。无论一个人有多么地不愿意面对挫折，但是要想成就一番事业，就必须学会在挫折中默默地忍耐，学会在挫折中渐渐地辨明方向，学会在挫折中慢慢地积蓄力量。展望未来自会苦尽甘来，犹如鲲鹏展翼，扶摇直上。

身陷绝境，要么认怂，要么拼

人们怕的往往不是挫折，也不是失败，而是绝境。绝境夺走的不仅仅是人们的希望，还有其他的一切。实际上，绝境中人们可以失去一切，但是希望还是能够留下的。所谓"置之死地而后生"，当你身陷绝境的时候，说不定是现状让我们重新检验一遍内心的纯粹。不管外部环境如何变迁，只要你的内心一如既往，不受繁芜的干扰，那么你仍旧可以重新开始。

当你事业失败的时候，你或许有生不逢时的挫败感，但只要你坦然接受，依然坚信着自己的能力，那么你就仍旧有拼搏的资本。拼搏不在于你拥有什么资本，而在于你有多少勇气。既然已经失去了，已经一无所有了，那就豁出一切，拼出人生的精彩。

如果把一户家徒四壁的穷人唯一赖以生存的"命根子"毁掉，那么结果会是怎样？一本名为《谁杀了我的牛》的畅销书告诉了我们：

一个睿智且经验丰富的老师想向他的一个学生传授获得成功的秘诀，于是便带着这个学生长途跋涉到该省最贫穷的一个山村去体验生活。

最后，他们来到了一户方圆几里中最矮小、最破旧的人家，那可以称得上是奇迹的小窝棚，因为以其破旧的程度，随时都有坍塌的可能。当师生二人走进去的时候，被眼前狭小的空间所惊呆：不足十四平方米的地方，竟然住着一家八口人，父母带着四个孩子，还有祖父母。在如此局促的条件下，所有人都尽其最大的努力给彼此腾出多一点的空间。

然而，就是这样落魄到如此地步的一家，居然拥有了一件对他们来说不寻常的财产：一头奶牛。学生不禁感叹道："真不知道他们失去了这唯一的'命根子'，该怎么活！"

与此同时，老师却已经拿着一把匕首，慢慢地朝那头奶牛走去。学生有些迷惑，可紧接着却看到了令他难以置信的一幕：他的老师迅速将手里的匕首刺入那头奶牛的喉咙。这一致命的创伤，让那只可怜的牲口慢慢地瘫倒在地。

事隔一年后的某天清晨，老师突然提议再次回到那个小村子，去看看那户人家过得怎么样。学生虽然心怀深深的愧疚，却还是遵从了老师的建议，忐忑不安地踏上了路程。

经过多天的跋涉，两个人终于到达了原先那个村庄，却一直找不到以前那座破旧的房子。周围的景象仍旧和原来一样，但是一年前他们曾经借宿过一晚的那个窝棚已经不在了，代替它的，是一座建在相同位置上的崭新而漂亮的房子。他们停下来，从四面八方打量这座建筑，才确信这正是他们要找的地方。

开门的是一个快乐的男子，穿着干净的衣服，浑身上下整整齐齐，脸上洋溢着灿烂的微笑，眼里闪烁着活力，学生甚至都没有认出这个人就是一年前留宿他们的主人。学生简直不敢相信短短一年的时间，他们所发生的巨大变化，迫不及待地冲上前去问及原因。

"悲剧发生后不久，我们意识到，除非我们做点别的事，否则处境会越来越糟。失去了那头牛使我们的人生跌到了谷底，但我们还是要吃东西，还要养活我们的孩子，于是，我们在房子后面开辟了一小块空地，撒下一些种子，种起了蔬菜。在悲剧发生后的最初几个月里，我们就靠着那些蔬菜活了下来。"

男主人看着学生惊讶的表情，继续说："过了一段时间我们发现，这个小花园里收获的食物，比我们自己需要的还要多，如果我们能够把剩余的部分卖给邻居们，就能够买更多的种子。不久，我们不仅能够自给自足，还可以把多余的菜拿到城镇的市场上去卖。"

至此，学生终于明白了老师想要传授的课程：那头奶牛的死，实际上并不像他所想象的那样，是那一家人生活的终结。恰恰相反，这成了他们充满机遇的新生活的开始。

其实，有时人输就输在"救命稻草"上。在有依靠的时候，人们永远会给自己留好后路，即便眼前的生活很糟糕，人们也会保守地维护着眼前的生活，以免失去仅有的东西。这种生活就像故事中的那头"奶牛"，我们已经习惯于依赖它，即便它并没有那么可靠。当我们失去依靠的时候，一无所有的时候，很多人都会陷入恐慌和绝望当中，但事实上，你的生命还没有终结，你还有一次重新洗牌的机会。

最可怕的不是拥有一切的人，而是一无所有的人，因为一无所有，所以没有了任何顾忌，可以向着目标勇往直前，因为没有了退路，所以困难面前不会退缩。同时我们应该认识到，人的生存潜力向来都是可以被无尽开发的。内心简明，那么唯一的目标会让我们的潜力发挥到极大的程度。当真的一无所有了，反倒是争取一切的时候。所以，如果命运杀掉了你的奶牛，那么你走向成功的机会就到来了。

唐玉红，现在是河北一家物业有限公司的老板，在公司里100多名员工中，有30多名下岗失业人员。同时，唐玉红的公司还是省会劳动系统社区再就业服务站、裕华区社会就业基地。让人难以想到的是，唐玉红也曾经是一名下岗工人。

1988年，唐玉红参加工作，跑过业务，干过出租车司机，做过室内装修。上世纪90年代，唐玉红下岗了，可是，她丝毫不曾怀疑过自己的能力，也从未放弃过对自我价值的追求。2000年，唐玉红开始进入家政保洁行业，后来又参加了政府部门组织的创业培训，很快就成为最早进入该行业的一员。

从下岗失业人员到安排下岗人员再就业的公司老板的跨越，如今的唐玉红作为下岗创业的典型代表，为了给更多的失业人员提供工作岗位，已经开始准备考察有关环保绿化的项目。

失业的确会打乱我们原来平稳的生活轨道，但是如果已经失业，就勇敢地去面对，不要因为被裁掉而否认自己的能力。我们可以借此机会对自己重新评估，检查自身存在的弱点。只要摒除杂念，不因外在的变幻而停止奋斗的脚步，那么对于任何一个失败者来说，失去就意味着一个崭新的开始。

度过漫漫长夜，便会迎来黎明

是人都会做梦，既然是梦，也就意味着会有梦醒的时刻。有人说，梦醒的时候是最难过的，因为暂时还看不到希望，但是也有人说梦醒是最幸福的时刻，因为在梦醒之后就可以看到黎明的曙光。

不过，想要等到黎明前的曙光，首先要做的就是想办法度过漫漫长夜。这是一个艰难、漫长、倍受"煎熬"的过程，同样也是一个必经的阶段。沉溺于自己的梦想不愿醒来的人是懦弱的，他们害怕梦碎的一天；不愿去想的人是可悲的，因为他们无法享受到梦幻变成现实是多么的令人欣喜。

黎明之前必然经历黑暗，因为有了黑暗，探寻光明的价值才会充分体现出来。黑暗只是实现梦想的必经之路，因为黑暗的侵袭而放弃希望的人，最终只会被黑暗所吞噬。相反，那些在黑暗中仍然仰望光明并孜孜以求的人，终究会把事先布置在生命舞台前的那条黑色布幔拉开，看到色彩斑斓的宏图。

很多人都说盲人是弱势群体，但是她是无数个"中国盲人第一"的创造者：中国第一位女盲人钢琴调律师、第一位骑独轮车的盲人、第一位开卡丁车的盲人、第一位盲人跆拳道"黄带"选手、第一位加入世界杰出华人协会的盲人……很难想象这些成就是一位双眼视力仅为0.02、患有先天性白内障的盲人所创造的。童年时，父母因她的先天性白内障而抛弃她，但姥姥留下了她，并给予她全部的爱。姥姥用尽全部心力来培养她、教育她、磨炼她，是姥姥的支持让这位从小失明的孩子勇于面对困难，勇敢而坚强地一直走下去。

实际生活中，她并不像大部分人想象的那样没有乐趣，在与人交往的过程中，她是一个乐观开朗、爱好广泛的人。她游泳考过了深水证，跆拳道晋升到"黄带"，她还喜欢弹钢琴，骑独轮车，喜欢猫，也喜欢画猫。

但作为一名盲人钢琴调律师，她在刚开始找工作时处处碰壁，几乎所有人都不相信盲人还会调音。一架钢琴，8000多个零件，闭着眼睛一一触摸，再调出精准的音律，这听起来似乎是件不可能完成的事，但她最终把这种不可能变成了现实。她凭借自己坚韧执着的精神、熟练的技术、严谨的工作态度，最终赢得了客户的信任和肯定，开创了事业的新天地，成立了中国第一家盲人调律网。

黑暗的存在就是为了衬托光明，然而这个世界上也有很多和这个女孩那样从未见过光的人。虽然他们的眼前一片漆黑，但是他们的心中却充满着光明。可见，光明由心而生。我们为什么不能多察觉一下阴影背后的阳光，对未来多一点希望呢？

记得诗人顾城写过这样一句诗："黑夜给了我黑色的眼睛，我却用它寻找光明。"的确，身处黑夜困境并不可怕，可怕的是丧失斗志、放弃希望。人生的成功与否，在于心境，在于我们能否在黑夜中寻找光明。事实上，黑暗中我们还有很多事情可做，要从容，要淡定。

海伦·凯勒是一个生活在黑暗中却又给人类带来光明的女性，一个度过了生命的88个春秋，熬过87年无光、无声、无语的孤独岁月的弱女子。

然而，正是这么一个幽闭在盲、聋、哑的黑暗世界里的人，用顽强的毅力克服生理缺陷所造成的精神痛苦，竟然成为哈佛大学的毕业生，并在大学期间和老师合作发表了她的处女作《我生活的故事》，讲述她如何战胜病残。这本书给成千上万的残疾人和正常人带来了鼓舞，被译成50种文字，在世界各国流传。

后来，凯勒到美国各地，到欧洲、亚洲发表演说，为盲人、聋哑人筹集资金，建起了一家家慈善机构，为残疾人造福，被美国《时代周刊》评选为20世纪美国十大英雄偶像。

"二战"期间，凯勒又访问多所医院，慰问失明士兵，她的行为备受人们崇敬。1964年被授予美国公民最高荣誉——"总统自由勋章"，次年又被推选为"世界杰出妇女"。

所有的光明和黑暗其实都可以在转瞬之间调换。有梦可以做、有光明可以企盼的岁月是幸福的，这种岁月不分年龄，只要你对未来还有期待，那么你就有权期盼未来的岁月，你就还有时间等待曙光的降临。

我们每个人就好像是一叶扁舟——面对浩瀚的大海，显得如此渺小。然而，每个人的心灵救赎最终还是要靠自己。我们依然要有所期待、有所探寻，期待熬过黎明前最冷最暗的黑夜，用自己的双手赢得未来。

在光明下欢笑是一种本能，而在黑暗中欢笑则是一种品质。学会在黑暗中探寻光明吧！

冬天来了，春天还会远吗

"冬天来了，春天还会远吗？"一句妇孺皆知的名言，多少年来给了多少人以等待的勇气。它教人们再耐心一点，再等一等，凛冽的北风很快就会过去，河岸的杨柳很快就会吐芽。

人生也是一样。也许此刻你正经历严冬，千里冰封万里雪飘，你瑟瑟发抖，不敢奢望未来会从哪个方向向你投来春晖。如果你能够再多一点耐心，多一点坚韧，你怎么知道冰雪覆盖下的不是明年的春绿？春天也许会姗姗来迟，但迟早会到。

时间总是冷酷的，你催它也不会走快，你着急时它也不会放慢脚步。很多时候，我们唯一能做的就是耐心等待。如果你现在还没有足够的能力去迎接成功，那就只能等待你能力成熟的那一天。

在日本民间有一个流传了千年的故事。有两个老实巴交的渔民，一个叫阿呆，一个叫阿土，两个人一起做着一朝成为百万富翁的梦。

有一天晚上，阿呆做了一个奇怪的梦，梦见在小渔村对面的荒岛上有一个寺庙，庙里面种着七七四十九棵株模，其中一棵开着鲜艳红花的株模下埋着满满一坛黄金。

阿呆第二天就划着小船去了对岸的荒岛，果然在岛上找到了一座寺庙，也见到了那49棵株模。阿呆满心欢喜，眼看现在已经是秋天，就只有等来年春天株模开花的时候了，于是就住了下来。

谁知道，春风一吹，株模开花，清一色的淡黄色，没有一株是红色的。问庙里的僧人，都告诉他从来没有一棵株模开过红色的花。阿呆垂头丧气地离开了小岛，白白浪费了半年的等待光阴。

阿呆回去后，跟村里的人说了这件事。阿土觉得那棵红色的花一定是存在的，于是也驾船出海了。等阿土到小岛上时也是秋天，遂住了下来，庙里的僧人告诉他不用等了，没有一棵株模是开红花的，阿土并不以为然，还是愿意坚持等待看看。

春天又来了，在淡黄色的株模花中，有一棵骄傲地吐出了红艳艳的生命。阿土高兴极了，沿着那棵株模向下挖，果然挖到了黄金，从此变成了小渔村里最富有的人。

阿土的耐心等待等出了奇迹，而阿呆则忘了把自己的梦想带入第二年的春天，于是两个人的命运被改写了。

等待虽然令人痛苦，让人觉得无从忍耐，但若是坚定了信念，相信自己的梦想正在尽头，那么再痛苦的忍耐也可能变为享受。让忍耐升级为享受的人，正是你自己！

相信梦想并执着等待，下一个春天总会带给你奇迹和惊喜。我们为阿呆遗憾，也为阿土高兴。在现实生活中，有多少阿呆错过了自己的梦想，而有多少阿土愿意付出更多的忍耐和等候，终于与自己的梦想撞了个满怀。

春天是美好的，值得我们付出一切去见证。等待是一方面，审时度势，争取机会也是必不可少的。当时间将春天摆在我们眼前的时候，一定要想尽一切办法抓住机遇。

有一位中国留学生初到加拿大，希望可以通过打工来赚钱完成学业。刚开始，他只是骑着一辆破旧的自行车到处找工作，帮人放羊、收庄稼、割草……什么重活累活他都干过，那段日子真是他生命中严酷的冬天。

有一天，他正在唐人街的一家中式餐馆帮人洗碗，偶然在报纸上看到了一则招聘启事。这是一则来自加拿大电讯公司的招聘启事，招收数名线路监控员，年薪35000加元。年轻人意识到自己留学生涯中的春天到了，他一定要拿下这个职位！

这位年轻人凭借自身能力，在面试中一路过五关斩六将，眼看就要签订最终的协议了，招聘主管却出人意料地问他："你有车吗？会开车吗？"原来这份工作需要时常外出查看线路，如果没有车简直没法做。

他初来乍到，手头又紧，怎么可能已经买车了呢？然而他深知这份工作机会不能错过，于是毫不犹豫地脱口而出："Yes！"

主管与他签订了协议，最后告诉他："四天后开车来上班！"

四天，对于一个没有车也没学过开车的人来说实在是太短了，但是话已出口，由不得他收回。于是，第二天他先去一位朋友那里借了500加元，在二手车市场买了一辆勉强可以开出门的甲壳虫，开始了他三天的学车生涯。

第一天，他向朋友请教了一些简单的驾驶技术；第二天他在朋友家的草坪上练习开车；第三天，他开着车歪歪扭扭地上了大马路。就在主管说的四天后，他开着车去公司报了到。如今这个中国留学生已经做到了加拿大电讯公司的业务主管。

如果没有当时的毫不犹豫，恐怕这份影响他一生的事业就要溜走。他正是凭借超凡的勇气，勇敢地把握住了人生的春天。

有时候，成功喜欢与人捉迷藏，你越是寻它，它越不肯出现，偏用姗姗来迟考验人的耐心。在等待成功或者寻找成功的路上，我们必须多一点耐心。也许就是因为你多等了一秒钟，巨大的危机转变为了转机；也许因为你多回头看了一眼，发现了从前未曾发现过的新的路径；也许因为你多抱了一点希望，奇迹居然真的出现了。

时间不会因为你的焦躁改变自己的步伐，这个时候，我们需要的就是耐心等待，耐心是给自己和成功的双重机会。在这个阶段中，你可以休养生息，调整自己，说不定下一秒，成功就会敲开你的大门。

失败和成功只有一步之遥

巴尔扎克说："挫折就像一块石头，对于弱者而言它是绊脚石，只能让人止步不前；对于强者而言，它就是垫脚石，让人站得更高，看得更远。"

失败是和成功相伴的，没有失败，人们就尝不到成功的味道。然而失败也和痛苦相伴，这才是人们所不能接受的。实际上，失败并没有想象中那样可怕，如果你过度沉溺于失败带来的痛苦和挫败中，那么你就永远找不到前进的方向。

失败并不意味着一无所有，它也可以看作是人生的一个警示牌，通过失败总结经验教训，改变对策，重整旗鼓，才能以更好的姿态拥抱成功。在失败中善于做一个"淘金者"，才能找到自己真正需要的东西。

在古苏格兰，有个国王名叫罗伯特·布鲁斯。在他统治期间，周边的那些部落总是企图入侵苏格兰，虽然他率兵奋力抵抗，但还是有六次输给了侵略军。身为国王，屡战屡败让他的信心沉入了谷底。一个王者不能守护自己的国家，屡次输给别人，这种痛苦让他不能自拔。

罗伯特不愿再去想侵略者，他只想沉淀这种痛苦。一天，他在茅屋里休息的时候，偶然看到一只正在织网的蜘蛛。这个小东西一次次的将蛛丝缠到对面的墙上，都一次次的失败了。罗伯特数了数，这只蜘蛛和自己差不多，已经经历了6次失败了，但是这只蜘蛛并不知道失败的痛苦，仍旧不断尝试。终于，在第七次的时候它成功了。

罗伯特看后深有感触，他想：一只小蜘蛛都知道不断尝试，不断调整自己，我为什么不能这样做呢？于是他不再逃避，重新分析六次战败的经验，终于在第七次的时候打败了入侵者，守护了自己的家园。

如果将奋斗分成两部分的话，那就是守护和追求。人们有时会为了追求而奋斗，有时也会为了守护而奋斗。但失败不会在意你为什么奋斗，总会不合时宜地出来打扰你。若是你被失败吓怕了，妥协了，那你就中了失败的圈套，任何消极情绪都不会希望你重新站起来。

如果换一个角度看呢？失败又有什么？大不了从头再来，一次失败不能否定你的能力，也不会让你变得比一无所有还要凄惨，只要豁出去，就可以战胜它！

看看那些伟人们吧，就算是刻骨铭心的失败，就算是深入骨髓的疼痛，他们也没有被这种阴影笼罩一辈子，因为他们知道，只要自己不认输，只要自己努力，就有反击的机会，就有胜利的那天。

我国古代有两名了不起的军事家，分别是孙膑和庞涓，他们年少时一起跟随鬼谷子先生学习兵法。因为鬼谷子隐居山中，所以他们平时和外界接触的机会不多，同窗情谊变得更为珍贵，他们甚至以兄弟相称。

就在他们从师几年后，魏国国君开始四处招贤求才，庞涓本就不喜欢山中的寂寞，想着自己也该是一展才华了，便拜别了鬼谷子，下山入仕去了。而孙膑则认为自己学艺不精，还有很多东西要学，所以依旧跟在鬼谷子身边。

庞涓下山那一天，对孙膑说："我们是八拜之交，情同手足。若是我能够在魏国闯出一片天来，一定上山来迎你下山，请你和我一同建功立业。"

就如庞涓预料的那样，自己果然是一个将才，到了魏国没多久，他就成了元帅，掌握了兵权。他率兵一次次地让周边的诸侯国臣服，名声大振。不仅魏国国君非常赏识他，而且魏国人民也敬重他。

在庞涓建功立业的这段时间里，孙膑潜心研究兵法，有了突破性的进展，此时的他能力早已在庞涓之上了。魏国有人听说，马上报告国君，力荐孙膑。魏国正值用人之际，国君听说之后，便派人请孙膑下山。

听说魏国有人举荐自己，孙膑第一时间想到的就是自己的同窗庞涓。但事实并非如此，此时的庞涓因为功成名就，早已张狂自大了，他根本就没有想过孙膑。当二人在朝堂上相遇时，并没有预想中的那般亲切，孙膑自是激动，但庞涓只是表面上的开心。他发现魏王很敬重孙膑，而在自己四处打拼的这段日子里，孙膑显然已经比自己更有能力了，他不愿意孙膑在自己的身边碍事，这样他迟早地位不保。

于是，庞涓假意让位，背地里却做起了手脚。他使计离间魏王和孙膑，让魏王误解孙膑，而他却装好人，一边安慰孙膑，一边又在魏王面前说孙膑的不是。最终，孙膑被用刑削掉了膝盖骨。此时，孙膑才意识到自己被曾经的兄弟陷害了。

庞涓陷害孙膑之后，并没有打算放孙膑走，而是将他关了起来，想要套出孙膑跟鬼谷子后来学的那些兵法。虽然被同窗陷害心里难过，但孙膑并没有沉浸在这种痛苦中，他不甘心就这样失败！为了出逃，他装疯卖傻，庞涓见孙膑已经疯了，料想也套不出什么有用的东西，便放松了警惕。

曾经举荐过孙膑的那个人不忍见孙膑过这样的生活，于是书信一封，将孙膑的能力和境遇告诉给了齐国大将田忌。田忌觉得孙膑是个人才，就趁着庞涓不注意的时候救走了他。孙膑获救，为了报答田忌的救命之恩，也为了报仇雪恨，他开始辅佐田忌，不断进献良策。

最终，田忌和庞涓对战，孙膑用自己的计谋打败了自大的庞涓，一雪前耻。而庞涓则被自己性格所害，战败而亡。

不管怎么看，失败都不会是一件快乐的事情，它会给人以挫败感，会给人带来各种伤痛。孙膑应该是尝尽了这种滋味，明明是一个成功的军事家、谋略家，却被自己的同窗算计、陷害，甚至留下了终身无法痊愈的伤痛。但是他让自己的心愈合了，他相信，以自己的能力，绝对有反败为胜的机会，这次失败错在他看错了人，信错了人。所以在日后的对战中，他没有再犯同样的错误。

　　人生是一条通往前方的单行道，你不可能有来回走的机会，在一个地方摔倒了，与其经常回忆这个伤心之地带给自己的伤痛，还不如想想在接下来的路上怎么避免发生相同的事情。你要相信，经历过失败的你比任何人都强大，失败不会将你打倒，未来更不会！

人生只要不失信念，便不会迷茫

当迷失沙漠的旅人喝掉了皮囊里的最后一滴水时，他会做出怎样的选择？当一个人不小心掉进了水里，他会做出怎样的举措？当一个研究者历尽辛劳却最终得出一个错误的研究结论时，他又该如何取舍？曾有人问过一个坐拥百万家产的富豪，在他一无所有的时候，他凭借什么走到现在的？富豪严肃地说："虽然在别人看来，我一无所有，但我知道，我还拥有勇往直前的信念。"

生活是美好的，但生活也是残酷的。暴风雨随时随地都会出现，困难和挫折也许比我们想象的要多很多。在这些看似难以逾越的障碍面前，我们往往感到迷茫：自己能力不够？亦或是做了错误的选择？

困惑常在，你停下来去究其根源时就会发现，这不过是命运给你安排的考验而已，深究没有任何意义，你只要把控好自己的方向，选择勇往直前就够了。看看身边的那些人吧，总有些人因为失败而退出，但总有些人能够坦然面对，他们不会因为这样的打击就自暴自弃，他们仍旧会相信自己，相信命运，所以他们能够凭借着永不屈服的精神和勇往直前的执着重新开始，而最终，他们也自然能够走出迷茫。

有两只觅食的青蛙一不小心掉进了一个牛奶罐中，罐中的牛奶虽然不多，但却足以困住两只青蛙。

一只青蛙看着高高的牛奶罐，心想："完了，全完了，这么高的一只牛奶罐啊，我是永远也出不去了。"于是，它很快就沉了下去。

另外一只青蛙看到沉没在牛奶中的同伴，它不断地告诫自己："我拥有发达的肌肉，一定能逃出这个地方。"于是，它用尽自己全部的力气，一次次的奋起，一次次的跳跃……

　　不知道过了多久，顽强的青蛙突然发现脚下黏稠的牛奶逐渐变得坚实起来。原来，在它不断跳跃的过程中，经过反复地踩踏和跳动，已经把液状的牛奶变成了奶酪。最终，青蛙经过自己不懈的努力重获了自由，它跳回了绿色的池塘，而它的伙伴却永远地留在了那块奶酪中。

　　有时我们就像是被困在牛奶罐中的青蛙，是否能够逃离困境，在于你自己怎么做。若是你像第一只青蛙那样，对人生感到迷茫、绝望，思考这是人生的安排，那么牛奶罐注定会成为你的坟墓。但若是你抛开这一切，不断拼搏，最终你会拨开迷雾，走向成功。

　　对于任何人来说，一时的失败只是一个过程，而非结果；一时的失败只是一个需要经历的阶段，而非全部的过程。在危机中，外界给我们的压力从来不是最可怕的，可怕的是我们对待危机的麻木不仁和茫然无知。

　　当危机席卷而来时，残酷的事实让我们变得困顿，我们也就没有了最后的犹豫和固有的陈规，只有勇往直前才是我们唯一的选择。一个成功的人，最明显的特质就是拥有坚定不移的意志力，不管外界的世界变化成什么样子，他的初衷和希望是不会改变的，这种不变的信念是支撑他克服障碍，走向成功的必然路径。

　　一个人在困顿之时，往往也是其最具爆发力的时候；一件事走到绝地的时候，往往也是最具有转机的时候。当我们把困顿看作是一种优势，而不是劣势的时候，我们距离成功也就更近了一些。当我们在困难面前勇往直前的时候，便能更加接近成功。

　　在一个航海学校，几位年轻人问一个在大海上与风浪搏击了一辈子的老船长："如果你的船行驶在海面上，通过气象报告，预知前方海面有一个巨大的暴风圈正迎着你的船而来。请问，以你的经验，你将会如何处置呢？"

老船长微笑着反问了一句："如果换作你们，你们又会如何处置呢？"

一个年轻人信心满满地说："我会选择返航，将船头掉转180度，远离暴风圈。这样应该是最安全的方法吧？"

老船长摇了摇头："不行，当你掉头返航时，暴风圈还是会迎向你的船。你这么做，反而将你的船与暴风圈接触的时间延长了，这是非常危险的。"

另外一个年轻人说："那如果我将船的航线向左或者向右转90度，努力脱离暴风圈的威胁就可以了吧？"

老船长依然摇摇头，接着说："这样做还是不行，如果这样做，将会使船身整个侧面暴露在暴风雨的肆虐之下，增加与暴风圈接触的面积，结果也是非常危险。"

众人开始不解了，问到："如果这些方法都不行，那么究竟应该怎么做呢？"

老船长这才语重心长地说："此时只有一个方法，那就是抓稳你的舵轮，让你的船头不偏不倚地迎向暴风圈，唯有这样做，你才可以把船体与暴风圈接触的面积化为最小，同时，你的船与暴风圈彼此的相对速度组合在一起，还可以减少与暴风圈接触的时间。最为重要的是，当你冲过暴风圈的时候，迎接你的是另一片充满阳光的蔚蓝晴空。"

如果说人生就是一场旅行，那么海面上的暴风雨就是我们遇到的绝境。有些时候，横在你面前的困难是无法躲避的，那是命运安排你必须经历的，这不是命运和你开的玩笑，而是人生给你的一种考验，看你是否有资格进入下一关。这个时候，你越是躲避，越是陷入困局。在这种时候，勇往直前才是唯一、也是最明智的选择。这种貌似不讲道理的做法其实蕴含着莫大的人生智慧。

一帆风顺只是存在于人们的祝福之中，风雨无阻才是一个人应有的人生态度。一个真正的强者，永远不会计较自己失去了什么，他在乎的只是自己还有什么。一个拥有坚定信念的人，他的人生就是最富足的。

在我们的人生路上，所谓的失败，所谓的一无所有，所谓的迷茫，其实都是自己产生的悲观失望的情绪在作祟。在连续的失败之后，有人选择了听天由命，悲观消极，有人选择继续奋斗，最终成就大业。

在成功的道路上，我们看到的是鲜花而不是荆棘；在成功的人面前，我们看到的是现在的富足而不是当初的贫瘠。作为一个渴望成功的人来说，内心的信念才是最值得自己骄傲的资本。

不要去管眼前的迷雾，你只需记住脚下的路，不要去看远方的岔口，你只要记住心中的方向。人生充满了迷茫，这一切都是混淆视听的干扰，你只要记住目标是前方，提起勇气，一往无前，最终你会通过自己的拼搏赢得胜利，成为真正的胜者。

退一步，有时不是输，而是赢

人生的道路上必然会有风起浪涌的时候，也难免有与别人发生摩擦的时候，如果迎面与之搏击，也许会撞得头破血流，船毁人亡，难有东山再起之日。此时何不隐忍一下，暂时后退一步。

隐忍不是懦弱，不是消极的处世态度，而是韬光养晦的智慧，是卧薪尝胆的勇气。忍一时风平浪静，退一步海阔天空。在这个世界上，没有解不开的谜团，也没有化解不了的矛盾。只要我们能够适度地退让，总会拨云见日，总会雨过天晴，获得一片美丽的风景。

在实际生活中，人们常常赋予"前进"以勇者的赞誉。因为"进"代表着昂扬向上、积极进取的人生态度。所以，不少人热衷于"进"，而将"退"看作是怯懦的表现，是屈服的象征，不愿意、不甘心"退"。

殊不知，在人生的道路中，前进并不是唯一的处世之道。有时候，后退一步也能够让我们感觉到柳暗花明，退让是为了更好地前进。人生本身就是有进有退，有时候后退一步比前进一步更加重要。

春秋时期，楚庄王为了增强自己的势力，发兵攻打庸国。由于庸国奋力抵抗，楚军一时难以推进，楚将杨窗也被俘虏了。三天后，由于庸国的疏忽，杨窗竟从庸国逃了回来，他对楚庄王说明了庸国的情况："庸国人人奋战，如果我们不调集主力大军，恐怕难以取胜。"

楚将师叔出了一个主意，建议用佯装败退之计，以骄庸军，之后再去进攻他们。于是师叔带兵进攻，开战不久，楚军佯装难以招架，败下阵来向后撤退。像这样一连几次，楚军节节败退，庸军七战七捷，不由得骄傲起来，军心麻痹，军队渐渐松懈了斗志，对敌人的戒备也渐渐消失。

　　在这种情况下，楚庄王率领增援部队赶来，师叔说："我军已七次佯装败退，庸人已十分骄傲，现在正是发动总攻的大好时机。"于是楚庄王下令兵分两路进攻庸国。此时庸国将士正陶醉在胜利的喜悦之中，怎么也不会想到楚军突然发起进攻，庸国士兵仓促应战，抵挡不住，结果庸国被一举消灭。

　　在这里，楚国为了战胜庸国，采取了妥协和让步的方法，看似是处于下风，但事实证明，他们因为隐忍的"退"而创造了更好的作战机会，最终他们战胜了庸国，成为了这场残酷战争中的赢家。

　　生活中有很多以"退"为"进"的例子，比如，体育竞赛中的足球、篮球赛，当进攻受阻，往往是将球后传，谋取更有效的进攻，从而获得得分的机会；汽车驾驶员在泊车时，有时也需要准确后退，才能将车停在适当的位置；汽车起步时，需要后退才能把车驶上前进的道路……

　　紧绷的弦总会有断的一天，劳逸结合才能有更高的效率。所以在累的时候，不妨放慢脚步，在难以解决的问题面前，不妨退一步，给自己一个喘气的机会，更给自己一个缓冲，这样当你再次爆发的时候才有更大的力量，更大的胜算。

　　铃木集团成立于1920年，1952年开始生产摩托车，1955年开始生产汽车，如今是日本著名企业之一，向全世界的客户提供优质产品。但在创业之初，这家公司却遇到了不小的麻烦。

　　有一次，铃木集团总裁铃木太郎与西门子进行商务谈判，双方陷入了困境，原因是西门子公司坚持技术使用费提成率要占到销售总额的9%，铃木太郎不赞成这一提案，建议将提成率降低到5%。

　　虽然西门子公司答应了铃木太郎的请求，但是合同文本的主动权掌握在他们公司手中，不仅许多条款都是偏向自己公司的，而且他们又提出新的要求，即把技术转让费定为60万美元，并且要一次性付清。

作为弱势的铃木公司，只能听从西门子公司的摆布。但是，当时铃木电器公司的总资本不超过4亿日元，而60万美元的技术转让费，相当于2亿日元，这笔沉重的技术转让费，对于刚刚起步的铃木公司来说是一个相当沉重的负担。

巨额的费用，让铃木太郎陷入了两难的抉择。如果答应，公司必将陷入财务危机，一场灾难势必在劫难逃；如果不答应，则公司就会失去一次发展壮大的好时机。在这种形势对自己十分不利的情况下，铃木太郎高瞻远瞩地指出，退一步海阔天空，懂得退让才知进取，于是大胆接受了西门子公司的苛刻条约。

由于铃木公司从西门子公司获得了最新技术，所以当时世界上最先进的科技成果，几乎都有铃木公司的参与，这为他们的发展打下了坚实的基础。可以这样说，双方的合作使铃木公司开始确立自己国际大公司的地位。

如果不是一开始忍痛对西门子公司做出退让，铃木集团恐怕很难成为如今的全球知名企业。难怪有人说："用争斗的方式，我们永远得不到满足；但是用退让的方式，我们得到的会比期望的更多。"

拼搏是进取，但不是有勇无谋一味向前冲，在必要的时候，要懂得运用自己的智慧思考，选择更合适的方法，这样才不至于让你的热情被现实冲散，才不会让你之前的努力全部白费。

只要有希望，一切就都有可能

"怯懦囚禁人的灵魂，希望才可感受自由。"这是电影《肖申克的救赎》里主人公安迪所说的一句话。

也许，现实生活的残酷远没有电影结局所表现出来的画面那般动人，但当我们面临人生困境的时候，是绝望还是希望，却是可以自己掌控的。就像那句话："你不必害怕沉沦与堕落，只消你能不断自拔与更新。"而这种更新的基础，就是内心永远憧憬着对未来的希望。它像一扇窗，让我们不再受制于紧紧包裹着的世界，倾听内心的世界，感受自由，体味轻舞飞扬的人生。

安迪在高墙里和瑞德聊天："我希望去墨西哥的一个小岛；我希望去太平洋，用墨西哥语言说，那里叫作'失去记忆的地方'；我希望有一个小旅馆；我希望有几只废弃的小船，然后自己动手把它修好，带着我的客人去海上钓鱼……"

而这里的高墙，就是横阻于灰暗的囚禁和纯净的自由之间的一扇屏障，是肖申克监狱的界限。更多的，它是囚禁人们内心的枷锁。

安迪就是要在这所监狱里残度余生的囚犯。在1947年的美国，缅因州的一位年轻的银行家安迪被指控枪杀了妻子和她的情夫，因此被判终身监禁，从此开始了在肖申克监狱里的生活。安迪并没有杀人，但是监狱里的每个人都会说自己是"被冤枉的"，因此他的无辜在外人看来是那么苍白可笑。

肖申克监狱里还有另一名罪犯，是那里的"权威人物"，因谋杀罪被判终身监禁、已服刑20年、但数次假释都未获批准，他叫瑞德。之所以"权威"，是因为瑞德可以为囚犯们弄来香烟、糖果、酒，甚至是大麻。瑞德答应安迪帮他弄到了一把岩石锤，让他雕刻石头来消磨监狱里的时光。

安迪面对残酷的现实，用20年的时间，利用这把小小的岩石锤挖通了牢墙，终于，在一个风雨交加的夜晚，安迪爬过500码的下水道，逃了出去。

获得自由的安迪揭发了典狱长的恶行，并且利用典狱长贪污受贿的钱在太平洋买了座小岛。后来，瑞德获得假释，在一个阳光明媚的天气里，两位老友终于在太平洋上那座自由的小岛上重逢。

不管经过多长时间，不管经历过怎样的困局，安迪的希望最终都实现了。因为，他一直相信着自己的未来，不管他生活的环境多么肮脏，他都不认为这是自己人生的终点。有多少人终其一生没能到达理想的国度，在现实中自怨自艾。其实不是命运不给你机会，而是你放弃了心中的阳光，任由乌云占领了自己的内心，让阴暗的心发霉、腐烂，最终希望也化为乌有。

希望也是一种坚持，你坚信乌云背后有阳光，就可以在漫长的黑暗中默默等待，直到阳光普照，美好到来。

诚然，生活中有太多的东西是不以人的意志为转移的，也有很多时候是令我们失望的。也许，我们做着自己并不喜欢的工作，我们一直没有缘分和自己相爱的人在一起；就连每年生日或除夕零点时许下的愿望也都不一定能实现。太多的希望都只是在人们双手合十中跳跃，却从来没能进入过我们的生活。

然而，那长存于我们每个人心中的自由和希望，是如此迫切地需要救赎。这就如同需要一个公正的上帝，来通过安迪安慰和拯救更多的灵魂。

在囚犯们外出劳动时，安迪争取了警卫队长的信任，通过自己的会计专长为大家赢得了两箱冰镇啤酒。囚犯们兴高采烈地喝着久违的啤酒，而安迪只是坐在一旁微笑着注视这一切。

就连瑞德都说："那一刻，我们坐在春光下喝着啤酒，像自由人在修理自家的屋顶一样，我们是万物之主。"

其实，安迪冒着生命危险想要赢取的，绝非这区区两箱啤酒。他从来不曾放弃的，是他自己和其他囚犯能够自由的感觉，哪怕这种希望只有一点点。

从这个细节我们不难看出，尽管安迪身陷冤狱，尽管自由已经被剥夺殆尽，但是他却从未丧失信心，一直对未来充满希望。影片中说："有一种鸟是永远也关不住的，因为它的每片羽翼上都沾满了自由的光辉。"

安迪第二次做出惊人的举动是在播音室里，他通过高音喇叭向囚犯们播放了歌剧《费加罗的婚礼》，让整个肖申克监狱都为之震撼。也许他们"听不懂意大利女士唱的是什么，也根本没想听懂，因为有些东西无需言语来表达。"

但是，音乐却从麦克风中穿透出去，华美的女高音带着空灵的自由在高墙内飞翔，那一张张曾经写满罪恶的囚犯们的面孔，还有平日里穷凶极恶的狱警们的面孔，都在这一刻变得虔诚而高贵，听着认真地听着这涤荡灵魂的天籁之音。

音乐让"每一个人都相信，那是世界上最美好的事物，美得无法用语言描绘，美得让人心痛。歌声高亢悠扬，超越了囚犯们的梦想，就像一只美丽的小鸟飞进了高墙，使他们忘记了铁栏的束缚。此时此刻，肖申克里的所有人都感受到了自由。"

在最易磨灭希望的监狱里，安迪用这种方式提醒着自己和身边的人们——这世上还有无法用高墙铁栏围起的地方，这是任何人都无法随意触摸的：这便是存于每一个人心底的希望！只要有希望，一切就都有可能。

六年里，安迪每周给州长写一封信，希望得到捐助来扩建图书馆。开始人人都说不可能，但他最终建成了全美最大的监狱图书馆，让囚犯们享受着音乐的洗礼，接触到外界的知识。在辅导年轻囚犯考取高中文凭时，安迪将对方揉烂的试卷从废纸篓中拾起，寄出，最终使对方获得了文凭认证。

其实，每个人都是自己的囚徒，人们在自己的心外围建起了不可逾越的高墙，在上面设置了电网，暗示自己不能逾越，这或许是一种自我保护，但也是一种自我封闭。没有绝对的绝境，只有相信绝境的人。

希望让人自由，只要心存希望，就没有过不去的狂风和暴雨。相信希望，就是给了自己一个光明的未来！

时间是最好的"治愈药"

人，其实都比想象中要坚强许多。做人要有一份淡定的心境，不管遇到什么磨难，都不要抱怨命运不公平，也不要从此悲观绝望，厌倦世俗。在充满苦难的生命中，没有过不去的坎，只有过不去的人；在一年四季中，没有过不去的严冬，也没盼不来的春天。

她是一位普通的农村妇女，可她的人生却像一本厚重的书。

18岁时，她结婚了。26岁时，她赶上日军在农村进行大扫荡。为了生存，她带着两个女儿和一个儿子东躲西藏。村里很多人都受不了这种暗无天日的折磨，想到了自尽，她得知后总是劝慰说："别这样，没有过不去的坎，日军不会永远这么猖狂的。"

终于，她盼到了日军被赶出中国的那天。可是她的儿子却在炮火连天的岁月里，因为缺医少药、缺吃少喝营养不良，最终夭折了，她的丈夫无法接受这个事实，一连在床上躺了几天。她心里也难过，却流着眼泪说："咱们的命苦，可再苦也得过！儿子没了，咱们再生一个，人生没有过不去的坎。"

过了两年，她又生了个儿子，可儿子刚出生不久，她的丈夫却因病去世了。这对她来说，真的是一个巨大的精神打击，很长时间，她都没回过神来。可她最后还是挺过来了，她把三个未成年的孩子揽到自己怀里，说："别怕，娘还在呢，有娘在，谁也不敢欺负你们。"

她一个人拉扯着三个孩子，含辛茹苦，终于看到他们长大成人。两个女儿嫁人了，儿子也娶了媳妇，她逢人就乐呵呵地说："我说吧，人生没有过不去的坎，现在的生活多好呀！"

天意弄人，这个命运多舛的女人并没有得到上苍的眷顾。她在照看孙女的时候，不小心摔断了腿，因为年纪大了，做手术的风险太大，就一直没有手术，只能一直躺在床上。儿女们都哭了，她却说："哭什么，我还活着呢。"

行动不便的她，没有一丝抱怨，她坐在炕上，戴着一副老花镜，安安静静地织围巾、绣花、做点手工艺品，邻居们来串门，都说她的手艺好，还纷纷要跟她"拜师学艺"。

就这样，她一直活到了87岁，临终前，她只对儿女们说了一句话："我走了，你们要好好活，人生没有过不去的坎儿……"

面对敌人的伤害，她不屈服；面对生活的艰辛，她不低头；面对亲人的离去，她不绝望。她只是一个柔弱的农村女人，可她却有着一颗坚韧而强大的内心，她始终相信：世上没有过不去的坎。她用自己瘦弱的双肩扛着巨大的痛苦与不幸，带着孩子一步一步地走了过来。

人生的低谷不可怕，可怕的是我们沉溺其中，不知道如何自拔。所以，当生命的浪潮涌来时，不要手足无措，不要怨天尤人，让自己淡定下来，因为怨叹、悲泣、痛苦，都救不了你，它只会加深你的怨叹、悲泣、痛苦，让你坠落得更深、更惨！生命中真正的幸福绝不会轻易来到，当你咬着牙，忍着悲痛挺过去时，就会惊喜地发现：时间会洗刷掉你所有的悲伤。

22岁那年，她大学毕业。就在她接到一家大公司的录用通知时，父亲却因意外撒手人寰。她悲痛欲绝，三天里不吃不喝，仿佛生活夺取了她所有的希望。她的世界变成了灰色，原本俊俏的脸上也写满了痛苦和憔悴，见者心碎。那时的她，绝不会想到，微笑与幸福还能与她结缘。可是，一年后的她，依然幸福地恋爱了；三年后的她，已经成了一个孩子最依恋的妈妈。她的生活，又变得灿烂多姿。

生命中亲近的人离开了，这固然是难以接受的打击。可每个人的人生都会经历这样或那样的痛苦，不幸不尽相同，心情却都相似。你可以给自己一段时间，尽情发泄心中的痛苦，但是过了这段日子之后，就要慢慢平复自己的情绪，如果暂时做不到忘记，那么请把这一切交给时间，它会帮你抚平创伤。你不要频频回顾，而是要相信，痛苦不是永恒的，它终有一天会过去，而快乐也终会重新找到你。

人生来一无所有，离世的时候亦然。来人世走上一遭，重要的是经历。虽然有些回忆让我们觉得痛苦，但看看眼前，一切都已过去。时间能够改变一切，自然也能治愈一切。即便留疤，也不会感到痛。人生也有四季变换，时间一刻不停地在走，所以要相信，即便寒冬将至，也不会有盼不来的春天。

PART 7 / 怕什么路途遥远，
进一步有一步的欢喜

也许你努力了很久，却一直没有成果。这时请不要难过，也别气馁。即便在输的状态里，也要保留赢的信念。没有什么是一成不变，今天比昨天好，就是希望。即便路途遥远。但走一步有一步的风景，进一步有一步的欢喜。一直走下去，就一定能一点点赢回来。

滴水虽柔，水滴石穿

小小的水滴，力量微弱，可在长年累月的坚持下，它能滴穿坚硬的石头。人可以脆弱，但不能一直脆弱，在遇到困难时可以恐惧，但不能退缩，要有水滴一样的韧性。追随着自己的内心，在时间的跑道上，不抱怨、不放弃，最终走到心中的目的地，与最好的自己相遇。

读过《致加西亚的信》这本书的人，一定还对故事中的主人公罗文记忆犹新。书中讲到，罗文接受了一个任务——给加西亚将军送信，可是谁也不知道加西亚将军在什么地方，如何才能联系上将军、怎样才能到达？面对这样的难题，罗文没有多想，他努力去执行这个看似不可能完成的任务，不顾一切地把信送到了目的地。至于罗文在徒步三周、历尽艰险、走过危机四伏的国家，把信送到加西亚的过程中是否抱怨过，我们不得而知，书中也没讲述，但我们可以确定一点：如果没有执着和坚持，在困难重重中，罗文肯定是完不成任务的。

没有执着，蚂蚁可以不用忙忙碌碌地取食，太阳可以不用每日东升西落，沙漠可以不必拥有绿洲，海水可以不用潮汐更替，鲜花可以不用年年争相开放，苍鹰也不用拼命地练习飞翔……可若如此，这个世界会变成什么样？

世间最容易的事是坚持，最难的也是坚持。说它容易，是因为只要心中有信念，每个人都可以做到；说它难，是因为能够真正坚持下来，能够给梦想足够时间的人，太少。

没什么事能够随随便便成功，没有挫折和努力的终点不是尽头。人可以平凡，却不能平庸，即便你没有什么鸿鹄之志，但你也该有着自己的幸福和未来。不懂为自己的明天铺垫、努力的人，最终只能和未来的美好擦肩而过，有时只需要一些坚持，你便能发现人生的奇迹。

有一位了不起的推销大师，一生中取得了无数辉煌的成就。年老的时候，他不再致力于推销各种商品，而是四处演说，传授推销技巧。

有一次，他接受邀请进行一场演说，大家知道推销大师要来，便很早就坐进了会堂中，毕竟能多积累些成功经验没人嫌多。

演讲开始的时候，大帷幕拉开了，人们看到舞台的中央摆放着一个架子，架子上吊着一个巨大的铁球。推销大师走上台后，向人们鞠了一躬，台下响起了热烈的掌声。接着，大师邀请两位强壮的听众，给了他们两个大铁锤，让他们对着铁球敲，直到铁球能够荡起来。

刚开始，这两个听众信心满满，毕竟他们有的是力气，可奇怪的是，当他们用力地敲过去时，铁球却纹丝不动，还将他们的手震得发麻。不管他们怎样用力，铁球就是不动。最后，两个听众挫败地回到了听众席。推销大师没有说什么道理，只是从口袋里掏出了一个小铁锤，然后对着铁球轻轻地敲了一下，停顿过后，他再次用小铁锤击打铁球。就这样，他敲一下，停一下，整个过程持续了整整40分钟！

最开始的十分钟，人们还很淡定，20分钟过去后，一些人看上去有些浮躁了，30分钟过去后，整个会场都开始骚动，直到40分钟后，有个坐在前排的人突然说道："铁球动了！"

这时人们才停止议论，整个会场瞬间安静下来，人们聚精会神地观察铁球。这个球虽然摆动的幅度很小，但仔细观察就会发现它确实在动。即便这样，大师仍旧没有停下来，他依然敲打着铁球，最终铁球越荡越高，全场爆发出热烈的掌声。

这就是所谓的蝴蝶效应。虽然很多人都认为蝴蝶飞不过沧海，但没人知道蝴蝶在大洋彼岸扇动翅膀的影响力有多大！任何成功都不是一蹴而就的，所有的成功都是不断积累的，没有人能够一步跨过沧海，哪怕你在海上只有一叶扁舟，也能助你到达成功的彼岸，关键在于你是否懂得坚持。

坚持是一种不放弃的毅力，说来简单做起来难。正是因为如此，能够品尝成功滋味的人不是多数。虽然你通过努力、坚持不一定能够成为伟人，但一定不会成为庸人。你是自己人生的佼佼者，这种喜悦是别人羡慕不来的。

人生的成功贵在争取，不论生活给了你怎样的磨难，只要你坚持不懈，最终成功一定会对你露出笑脸！

离自己最近的目标最容易实现

人生如登山一般，必须抓牢身边的每一块石头，借此一步一步往上爬。这样，我们就可以在遇到行不通的路程时退回来，重新寻找更合适的位置，抓牢着力点再继续前进。

看着远处的山峰是必须的，但我们也要确保那是可以到达的地方，在那之前，我们更应该着眼于最近的目标。远处的风景是梦想，近处的风景是理想，相比于那些虚无缥缈的东西，能够抓出眼前的一切才是我们力所能及的事。这不仅是一种简单有效的选择，更能让我们的付出体现出效率的价值。

曾经在一处山脚下，坐落了一些小村庄，有一年它们被一场罕见的洪水袭击的惨不忍睹：房屋几乎被冲为平地，许多人的生命被无情的洪水夺去了。其中，有一个幸福的三口之家也是这场灾难的受害者：在洪水中，丈夫第一时间把手伸向了自己的妻子，而他们8岁的儿子却被洪魔无情地带走了。

起初，村里很多人对这个不幸的家庭都非常的同情，纷纷前来安慰这对年轻的夫妇，但事情似乎渐渐发生了变化：有些人开始对那个男人的选择产生了疑问。在突如其来的洪水面前，丈夫选择首先去救妻子，而放弃了他们的儿子。"即使两人感情再好，难道孩子在灾难来临的时候就应该成为被舍弃的对象吗？"围绕这一话题展开的争论，一时间充斥在山村里的每一个角落。

一个报社的记者路过此地，听说了这件事情后，顿时觉得这是一个很好的选题：如果只能救活一个人，究竟是该救妻子还是救孩子？爱人和孩子哪一个更重要？于是，他深入村中找到了那个男人。

"眼看着洪水冲过来的时候，根本来不及让我有任何过多的想法，妻子就在我身边，我们都不想失去对方，于是我就抓住她拼命地往山坡游，而当我返回去的时候，儿子已经不见了。"男人又一次哽咽。

这时记者明白了，不是父亲不想救儿子，也并非丈夫眼里只有妻子，而是在当时的情况下，他只能抓住妻子。记者最后安慰男人说："请不要过于悲伤，毕竟你从洪水中还救回了你的妻子。"

有时选择不会给我们太多的时间，这时候我们就要依靠本能，选择一定能够成功的选项，这样才有可能体现效率的价值。这个男人的选择是正确的，至少，救活一个比失去两个要好。面对洪水，他无法选择，他既是一个深爱着妻子的丈夫，也是视儿子为至宝的父亲，二者缺一不可。只是，他完全来不及考虑的时候，他只能伸出手去紧紧抓住离自己最近的妻子。这是最为现实和明智的，同时也是最为有效的。如果他放弃妻子去救孩子，可能最后三人都会被洪水卷走。

过高的奢望和不切实际的目标，对我们而言是没有任何意义的。只有把握好最近的目标，付出才能体现出它相应的价值。

这个世界上，有太多"鸿鹄之志"的壮志难酬之人，他们未达成目标的原因就在于忽略了自己眼皮底下可以先做到的事情，放弃了手边最易实施的简单之行。从达成离我们最近的目标开始，实际上就是一个把繁重的事情简化的过程。也只有这样，我们才有可能顺着人生陡峭的崖壁攀上高峰。

如果一味地好高骛远，盲目地将眼光盯在虚妄的目标上，而忽视眼前的工作的人，只会疲于应付，最终一事无成。做自己力所能及的事情，就是简单而有效的选择。若是失去了一切，我们确实可以从头再来，但我们的生命是有限的，有时你未必有大把的时间去重新起跑。

人生理应有远大的目标，但目标永远不能脱离现实，要从实际去选择。成功是一步步积累出来的，你若是只知不切实际的目标，而不为此付出努力，那么最终你仍旧一无所有。向着眼前能够帮你接近目标的事情努力，最终你会发现，自己的目标会像阳光一样照进现实。

一个学企业管理的大学生，在校期间就一直有个目标：希望将来能拥有自己的公司，自己当老板，成就一番事业。

毕业后，由于资金紧张，他只好和千万名毕业生一样，挤入了求职大军中。他想，凭着自己的能力，即使是打工，也必须找一个高级管理者的职位，比如副经理、经理助理的工作。

可是，匮乏的工作经验让这位大学生应聘了很多家招纳副经理职位的公司，却无一例外地被拒之门外了。于是，他降低了标准，想找个中层管理干部的职位，如科长、部门经理之类。只是，因为同样的原因，仍然没有一家成功的。

一晃几个月过去了，看着同学们都已经拿到了第一个月工资的他，为了生存，不得不先找个能吃饭的地方。最后，他费了九牛二虎之力才找到一份工作：办公室内勤，做一些分发报纸、端茶倒水、接电话的日常杂活。

他感到异常失落，当天晚上去了班主任老师家里，把这段时间找工作的情况及自己目前的想法一股脑地全都倾诉了出来。老师听完以后，对他说："你有远大的目标，这很好。但这些目标太遥远了，是你现在抓不住的。最明智的做法就是，抓住离你最近的目标，然后一步步向最远大的目标走近！"

老师的话给了他很大启发。第二天，他就去那家企业做起了内勤工作。半年以后，因为工作认真，他被调到业务部当了一名业务员。而后又由于业绩突出，一步步成为了业务部经理、主管业务的副经理。就这样，在短短的五年时间内，这位大学生积累了自主创业的经验和资金，终于开办起了一家自己的公司。

经过艰苦打拼，他的公司终于在市场上站稳了脚跟，成了业内知名企业。而他本人，也成为了一个资产过千万的成功人士。

目标有远有近，只有离我们最近的那个目标才是最容易现实的。犹太巨商大多是从最底层的工作开始做起的，有的做过卖报童，有的做过小商贩，还有的做过电焊工。但是他们的一大共性是，不管做什么，都能耐心地将眼下手中的工作做好，在平凡的岗位中取得出色的成绩。

目标有远近，工作有繁简。我们可以制定目标成为比尔·盖茨，但不可能一夜之间就能拥有比尔·盖茨的成就。我们的终极目标可能是李嘉诚，但我们的起点也许只是一个勤杂工。选择没有那么困难，你只需抓住离你最近的那个现实目标，丢掉那些不切实际的目标，从简单开始，便能一步步走向成功。

梦想要有，而且要一步步去实现

梦想就像是一张画纸，任凭你发挥，可梦想的画布铺得再大，你也得用画笔填充上线条和颜色，才能制成一幅气势恢宏的作品。

脚踏实地，仰望天空。这是多么诗意的人生状态，也是每一个成功者在成功路上的真实写照。仰望天空，人生才有希望，才有目标，才能超脱当下蝇营狗苟、鸡毛蒜皮的生活；而脚踏实地，才能将仰望天空时心中的梦想一步步转化为现实。

在现实生活中，并不缺乏仰望天空的人，每个人都对生活怀着或宏大或朴素的梦想——也许是事业的成功，也许是爱情的甜蜜，也许是家庭的幸福，也许是生活的安逸。这些梦想使得人们有了生活的动力。仰望天空是甜蜜的，充满梦想的美好。而相比之下，脚踏实地就显得过于朴实、过于困难了。

虽然脚踏实地不够梦幻，也不够浪漫，但是每个有梦想的人都应该去做。梦想是我们内心的体现，却不一定能够得到现实的配合。或许你的梦想是鸿鹄之志，但现实中的你却只是燕雀之表。若是不能脚踏实地地付出努力，那么你的梦想可能会越来越偏离轨道，这样一来你就只能成为一个梦想家；但若是你能够端正心态，认清现实，那么你便能够不忘初衷，一步步接近成功。

一针一线细心缝制的帆，才能安全地将我们送到成功的彼岸；用焦急与浮躁打造出的船，只能将我们埋葬在失败的汪洋大海中。不管现实怎样骨感，只要你的行动和梦想一样丰满，那么最终你一定能够实现最大的目标。

齐白石是中国近代画坛的一代宗师。齐老先生不仅擅长书画，还对篆刻有极高的造诣，但他并非天生就有这方面的天赋，而是经过了非常刻苦的练习和不懈的努力，才把篆刻艺术练就到出神入化的境界。

齐白石年轻时就特别喜爱篆刻，但自己的篆刻技术总是不那么令人满意，于是，他向一位老篆刻艺人虚心求教，老篆刻家对他说："你去挑一担础石回家，刻好了之后全部磨掉，磨完后再刻。等到这一担石头都变成了泥浆，那时你的印就刻好了。"

齐白石就按照老篆刻师的话一丝不苟地做了起来。他挑了一担础石回来，夜以继日地刻着。刻好了把它磨平，磨平了再刻，手上不知起了多少个血泡。

日复一日，年复一年，础石越来越少，而地上淤积的泥浆却越来越厚。最后，一担础石终于统统都被"化石为泥"了。而齐白石老先生的篆刻技术，也达到了炉火纯青的地步。

齐老获得成功的诀窍，就是脚踏实地的努力。在这一步一步前进的过程中，他保持着对待事情的耐心与执着。只有以沉静之心，始终如一地付出努力，成功的路才会走得稳健而坚固。

谁降生的时候都是一无所有的，追求梦想的时候，是靠着热情支持的，但若是你不能为此付出努力，最终也只能回到原点。齐白石老先生曾经不会篆刻，在篆刻面前他就如初生婴儿一般毫无基础，但他肯为了自己的梦想付出努力，一个人与时间为伴，慢慢积累，才有了最终的成就。

确实，做到脚踏实地很困难，因为它本身并没有浪漫的成分，没有巨大的激情，没有掌声和鲜花。相反，它是种子在泥土深处萌发的孤独努力，是在泥泞的道路上留下的艰深足迹，是迫使自己直面自身所有缺点及不足的痛苦挣扎。

然而不积跬步，无以至千里；不积小流，无以成江海。哈佛的一位教授经常对自己的学生说："那些取得了较大成就的人，并不是一开始便居于高位，也不是有一步登天的本领，而是他们懂得控制住浮躁的情绪，通过踏踏实实的行动，不会因为各种各样的诱惑而迷失方向，一步一个脚印地向前迈进。"

一味主观地求急图快，没有按照客观规律一步一步地积极努力，只能是欲速则不达，结果往往适得其反。

从前，有一个非常喜欢生物的小男孩，他很想知道蛹是如何破茧成蝶的。虽然蝴蝶看见的不少，但蛹却很少见。

有一次，他终于在草丛中发现了一只蛹，便取回了家，日日观察。

几天以后，蛹出现了一条裂痕，里面的蝴蝶开始挣扎，想抓破蛹壳飞出去。艰辛的过程达数小时之久，蝴蝶仍在蛹壳里辛苦地挣扎，那对翅膀怎么也扑棱不出来。

小男孩看着蝴蝶这么痛苦，有些不忍心，很想帮帮它，于是他找来剪刀，将蛹壳剪开，里面的小蝴蝶瞬间就破蛹而出了。

但让小男孩万万没有想到的是，虽然那只小蝴蝶毫不费力地从蛹壳出来了，但是因为没有经过破茧而出的锻炼，翅膀的力量太薄弱，以致根本飞不起来，不久，便痛苦地死去了。

破茧成蝶的过程其实非常痛苦，所以只有经历了这一艰辛的过程，才能换来日后的翩翩起舞。一味追求速度反而让爱变成了害，最终让蝴蝶悲惨地死去。凡事都是脚踏实地、循序渐进的过程，违背了自然规律，急于求成，将会导致最终的失败。

抱着急于求成的人，恨不能一日千里，但往往事与愿违。不遵循客观规律，还没有练习好走路就想要跑，那是肯定要摔跟头的。

有人也许会问，要脚踏实地地工作，我们什么时候才能成为成功者呢？其实，成功者大多是从最底层工作开始做起的，但不管做什么，只要能脚踏实地地将本职工作做好，就能在平凡的工作中取得出色的成绩。也就是说，你要想离成功更近的话，你最好摒弃心浮气躁，脚踏实地工作。

这个世界上从来就没有什么"一蹴而就"，任何事情的完成都需要一个过程，好高骛远，眼高手低，相当于等待天上掉馅儿饼。作为一个有责任、有理想的人，踏踏实实地去做，不断地去解决问题，才能不断提高自己的能力，让自己在竞争中脱颖而出。

仰望星空的时候，别忘了沉静下心，记住自己脚下坚实的土地。踩着这样的土地，一步一步，走出自己的广阔天地。

生命没有彩排，每一天都是现场直播

"真的，生命没有彩排，每一天都是现场直播。"这是少年作家吴子尤的母亲柳红女士在儿子去世后的一次《生命的礼赞》栏目中所说的最后一句话。

的确，人生每天都是现场直播，没有排练的机会，也没有谁能一直站在原地等着我们。所以我们在人生路上要时时保持行动，同时，也要珍惜现在拥有的一切，迈好眼下的每一步，勇敢并谨慎于每一个开始。及时抓住能把握住的美好，生活才会无怨无悔。

吴子尤，一位才华横溢的少年作家，与李敖成为忘年之交。然而却在小小年纪横遭厄运，直到生命的最后时刻，他依然如前，一直笑对人生。

2004年，因为胸腔纵膈肿瘤压迫神经住院治疗，手术后不幸失去了造血功能。从此，14岁的子尤开始了一场与病魔的持久战。经历了一次大手术、两次胸穿、三次骨穿、四次化疗、五次转院、六次病危，他以超乎常人的乐观度过了自己的花样年华。在2005年9月，一本记录他八岁到十五岁成长过程的作品集《谁的青春有我狂》出版。

"青春是属于我的，标记着我激情的一月一年。人说青春是红波浪，那就翻滚着绘出最美的一线。眼前只有柄孤独的桨，握在手中就是把战斗的剑。我在这里写着刚有开头的小说，每过完一天就翻过一页；每翻过一页，又是新的一天。为什么我依然热爱考验？因为别人让天空主宰自己的颜色，我用自己的颜色画天。"

终究，写下上面这首如歌诗句的作者，于2006年10月22日去世。

事隔许久，子尤的母亲柳红女士在一次电视栏目《生命的礼赞》

中被邀请为嘉宾。其间，朗诵了这样的一篇文章：《珍惜生命》。

"那是2005年8月的最后一天，在北京大学百年讲堂的开学典礼上，子尤从轮椅上起身，向他所在的中学校友讲了一番话。结尾时，他用力而深情地说：'要珍惜呀'。我知道他说的是珍惜生命的意思。那时候我们在生死线上，可是他依然有他的追求和向往，兴致勃勃地走在他自己的道路上。他对我说，我每一秒钟都和上一秒钟不一样；他总结自己的生活是一路快乐美好。他说，是舒服，是享受；他还说，我活得欣喜若狂。"

"我和子尤经历疾病和死亡的日子是一个理解和实践珍惜生命的过程，我们懂得了：珍惜生命就要珍惜生命的价值，尽其所能做有意义的事情。有意义的事儿，可大可小，可多可少。做，一定比不做好；多做，一定比少做好；今天做，一定比明天做好；持久地做，一定比半途而废好。"

"我们通常认为，人生如台历，撕去旧页，新页展开；每天如彩排，今天过去，还有明天；一遍不满意，可以再来。其实昨天已成为过去，明天尚且未知；当下稍纵即逝，不复重来。如果把每一天都当作生命的末日来过，我们会更加珍惜有意义的人生。"

"而什么是有意义的人生呢？这真是需要我们沉下心来好好想一想的问题。人们常常忽视自己的内心、身体、亲人和孩子。不注意春夏秋冬花开草长，不注意音乐旋律的升降变化。特殊的人生际遇使我有机会接触了很多癌症患者，每一位走近生命尽头的人，都想再看一次星星，再凝视一次海洋。而多少住在海边附近的人，他们却懒得看上一眼。每天晚上有多少人会仰望星空？谁又真正用心去品尝，触摸生命，去感受平凡事物中的不平凡？"

"以前我也浑然无知、不假思索，直到变故降临，彻底改变了我的生活，才开始思索。我从中学到了很多很多，我学会了享受过程，而不是结果。我愿意告诉人们，看看田野里的百合花，摸摸婴儿耳朵上的绒毛，在庭院的阳光下阅读，与朋友分享你的喜怒哀乐。真的，人生没有彩排，每一天都是现场直播。"

　　的确，人生每天都是现场直播，没有排练的机会，也没有谁能一直站在原地等着我们。就如台湾作家林清玄的散文中所讲："生命最有趣的部分，正是它没有剧本，没有彩排，不能重来。"人生如偶然，死亦必然。我们登上生命的舞台，与自己的肉体相逢于人间，这便是一种缘分。

　　人生中没有那么多的"如果"，这一次过去了，下一次不一定会有。就像世界著名艺术家们每一次上台都如履薄冰，努力练习，力求在观众面前呈现出最完美的一面。那是因为他们深知，每一场演出都是全新的一次，也是关键甚至是唯一的一次。

　　如此，我们便要有抓住这一次的决心，以及无怨无悔的气魄。当然，仅有这些还不足够，我们要谨慎前行，虽然有时难免会做出一些后悔的事，这无可避免，但我们若是能保持小心谨慎，那么失误的几率就会大大下降，这样我们才能迈出无悔的步伐。

　　青春不再重来，爱亦不会重来，生命更是没有重新来过的机会。眼前有的景，我们要去看；手头有的福，我们要去享。生活中有很多简单中的平淡，如水扬清波，如风过疏林，但每一个却都是心头的日子，潜着香，藏着甜，是我们自己真正活过的一天。

坚持把简单的事情做好就是不简单

"看似简单的事，做好也不容易。"话总是说起来容易，做起来难，在这一点上，几乎所有的人都达成了共识。有些人选择努力去做，有的人却选择了放弃。那些能够克服困难，踏踏实实做事的人，最终一定能够获得成功。

不管你是什么角色，生活中总是充斥着各种各样的大事小事，那些能够从容处理的人，一定是先从细节入手的。许多复杂的事都是由一个个小细节组成的，没有任何一件事情，小到可以被抛弃。若是小事被忽略，那再大的事也不过是空中楼阁，没有了细节，再复杂的工作只能是纸上谈兵。

若想成就一番事业，获得成功，那就要把每一件小事做到位，由量的积累到质的飞跃，这样一来成功也就成了水到渠成的事。

汤姆·布兰德是美国福特汽车公司的总领班，作为总领班，要负责各个车间的生产管理，并且要直接向公司领导反映生产过程中出现的各种问题，这个岗位可以说是既重要又受到重视。但是很多人并不知道，汤姆·布兰德在进入公司的初期就是美国福特汽车公司一个制造厂的杂工，在职业生涯的开始阶段，他就是在做好每一件小事中获得了成长，并最终成为福特公司的总领班。那一年他才32岁，是在这个有着"汽车王国"之称的福特公司里最年轻的总领班，这确实是一件很不容易的事。

汤姆在20岁的时候进入工厂，一开始，他并没有一味的蛮干、傻干，而是通过自己的观察，对汽车制造有了一个整体的认识。他了解到一辆汽车由零件到装配出厂，大概要经过的工序，要经过的部门，这些部门各自的工作是什么，他们之间是如何协调工作的。最后他得出一个结论：如果自己要在汽车制造业做出一番事业，就必须对汽车的全部制造过程都能有深刻的了解。因此，他主动要求从最基层的杂工做起。

当时的杂工不是正式工人，没有固定的工作场所，经常是哪里有零活就要到哪里去，正是因为有这样的程序，汤姆才有机会和工厂的各部门接触。在他做杂工做了一年半之后，汤姆申请调到汽车椅垫部工作。当他学会了制椅垫的手艺，又申请调到点焊部、车身部、喷漆部、车床部等部门去工作。就这样，在不到五年的时间里，他几乎在工厂的各个部门都工作过。

汤姆的父亲看着儿子不断地调换工作部门，他对儿子十分不解，他质问汤姆："你工作已经好几年了，可这几年你总是做些焊接零件、给零件刷漆的小事，你就不怕耽误前途？"

汤姆很理解父亲的心情，他笑着说："爸爸，你不明白，我要做的不是一个部门的工头，我希望成为整个工厂的领导者，要做到这一点，必须花点时间了解整个工作流程，这样才能从整体和局部两个方面做好管理工作。我现在正在做的就是最有价值的事情，我要学的不仅仅是一个汽车椅垫是如何生产加工的，或者是油漆是怎么刷上去的，我要学的是整辆汽车是如何制造的。"

汤姆经过坚持不懈地学习、工作，经过了一个又一个的部门，学会了一门又一门的手艺，当他确认自己已经具备管理能力时，他决定在装配线上施展拳脚，便申请到装配线上去工作。由于汤姆在其他部门干过，懂得零件的加工工艺和质量检验方法，这为他在装配线的工作提供了不少便利，使他学习得更快，进步得更快。没用多久，他就成了装配线上最出色的员工并因此晋升为领班。

汤姆·布兰德的成功实际上就是将每一件小事做好，然后积少成多，由量而质的发生飞跃，在岗位上做出自己的成绩。虽然汤姆做的杂工都是一些小事，但汤姆却从中获得了对各部门的工作性质和工作环境的认识，为实现最终的职业目标打下了坚实的基础。所以，有这样一句话：与其浑浑噩噩浪费时间，不如从我们经手的每一件琐事、每一件小事中得到成长，由简入繁，积少成多，最终迎来人生的春天。

在现实中，对于做小事，不同的人有不同的理解，也就会取得不同的成就。不屑于做小事的人往往会好高骛远，在高不成低不就中蹉跎；而务实的人则会安心工作，把做小事作为锻炼自己、提高能力的机会，从很多小事的积累中得到多方面的锻炼，增强自己的判断能力和思考能力。

注重在工作中的每一件小事，可以让我们不断积累人生经验，最终获得能力的升华；放任小事，有时候不仅会错失成就自己的机会，甚至会养成种种陋习，最终毁掉自己的前途。

有一个关于柏拉图的故事，说柏拉图看到一个小孩玩一个荒唐的游戏，他就严厉地责备了小孩。小孩子说："就因为这点小事，你就责备我？"柏拉图回答说："如果养成了习惯，这可就不是件小事了。"中国古代有很多这种由于小毛病造成危害的典故，"千里之堤，毁于蚁穴""失之毫厘，谬以千里"说的都是这个道理。

不管什么事情，哪怕再小再不起眼，即使不需要什么技巧与能力，也要持之以恒、日复一日地做好！

每一件小事都值得我们去做，不要小看自己所做的每一件事！即便是最普通的事，也应该全力以赴、尽职尽责地去完成。小任务顺利的完成，有利于你对大任务的成功把握。一步一个脚印地向上攀登，便不会轻易跌落。

如果我们刻意忽略那些自以为繁琐的小事，那么时间久了，忽略就会成为我们做事的一种习惯，眼中无物，心中无物，更不要说什么成功了。

　　说到底，最重要的是细节！还是细节！品质来源于细节，成败也取决于细节。细节做得不到位，设计得再巧妙也无济于事；细节做得不过关，再宏伟的建筑也是一个伪劣工程。美国的石油大亨约翰·洛克菲勒曾经说过："听到大家夸一个年轻人前途无量时，我总要问：他从工作细节中学到东西了没有？"

　　细节，在很多人看来微不足道，但它往往就像机遇一样，把握住了就能踏上成功之路，把握不住，就会给自己增添无数的绊脚石，让自己没有信心走下去。

　　曾经有一家国际贸易公司招聘业务人员，有一位年轻人前来应聘，他毕业于名牌大学，又有3年外贸公司工作的经验，在众多的应聘者中，他算是各方面条件相对不错的一个了。

　　"你原来在外贸公司做什么工作？"主考官问道。

　　"花椒的进出口贸易。"年轻人回答。

　　"近几年的花椒质量下降，销路非常不好，你知道是什么原因吗？"考官又问。

　　年轻人下意识地想到了花椒采摘手法对质量的影响，就说："一定是农民在采集花椒的时候不够细心。"

　　出乎年轻人预料的是，考官给他讲起了花椒采摘的门道。原来花椒采下来以后，要在太阳下暴晒一整天，如果晒不好，就不能称之为上品。但是最近几年，很多农民为了图省事，把采集好的花椒放在热炕上烘干，这样烘出来的花椒虽然从颜色上看起来和晒过的花椒差不多，但是味道就相差很远了。这种产品的销路当然就不会像原来那么好了。

　　"一个好的业务员要重视工作中的每个细节。"考官最后送给年轻人一个最好的答案。

　　我们有时就像故事中的年轻人，自以为了解自己熟悉领域的一切，但当事情发生的时候，才发现我们其实忽略了很多，而这些被我们忽略的东西，往往决定着最终的成败。工作也好，生活也罢，有太多太多被我们忽略的东西，我们自负地不去看那些细节，然后抱怨自己拥有得太少，可幸福的真谛往往就存在于被我们忽略的细节之中。

很多成功的经验告诉我们：世界上没有做不到的事，只有做不成事的人。有些时候细节只要做到位了，那么事情也就做成功了。放弃抱怨吧，踏实地捡起路上那些被我们忽略过的石头，到你成功那天，你会发现，自己曾经捡起的石头都是一颗颗闪着光的钻石！

不认输，就不会败；不放弃，就有希望

在当今社会，大部分人崇尚的是一夜暴富，认为这样的成功最具说服力。虽然不能否定这种可能性，但一夜暴富的人毕竟是少数。成功不是投机取巧得来的，而是需要艰辛的努力，日复一日的追求、坚持和积累。这是对毅力和勇气的极大考验，用最实际的例子或许比语言更具有说服力。

一天，一个河蚌不小心吞下了一粒沙。

沙子进入河蚌的身体后，感觉非常不舒服，又热又闷。它四下环顾，竟然发现身边还有一粒沙，显然，这个沙粒比自己进来的还要早一些。

"这里难道就没有出口吗？你在这里待了多久了？"沙粒问。

"唔，我也不是很清楚，大概有几天了吧。"另一粒沙子回答。

"这几天都没有出去的机会吗？"

"当然不是，想出去还是很容易的，它张嘴你就可以出去了。"

"那你为什么不逃跑？"

另一粒沙听了摇了摇头，认真地说："我不想成为平凡的沙粒，我要成为一颗珍珠，只要我能坚持在蚌壳里待着，最终一定会蜕变的！"

沙粒听了感到好笑："别开玩笑了，想成为珍珠？沙子就是沙子。你肯定心理有病，我才不要和你一样在这里发疯呢！"说完，沙粒就趁着蚌壳打开的机会逃离了又闷又热的环境，继续在海底沉没。

沙子依旧不为所动，每天有无数的沙子随着蚌壳的打开来来去去，只有它坚守在蚌壳内。几年过去后，果然如它预想的那样，自己成为了一颗巨大的珍珠。一天，一个人发现了它，并将它点缀在了女王的皇冠上。而那粒曾经劝说它的沙子呢？它自然不知道这一切，还在海底安安静静地沉睡呢！

每个人都有成为珍珠的机会，但不是每个人都能成为珍珠。成长其实说白了就是一种蜕变，是从平凡的沙粒蜕变成珍珠的过程。

很多人羡慕别人的成功，觉得别人是赶对了时机。其实他们只是忽略了一个最简单的道理，那就是坚持的力量。看一看那些成功人士，无一不是日复一日的坚持才换来了最终的成绩。

苏格拉底是世界著名的哲学家，很多人都相信他掌握着人生的真理，所以许许多多的人都拜他为师，希望能够学到一些经验、知识。

有一次，苏格拉底和自己的弟子们聊天，有个学生问他："老师，人究竟要怎样做才能成功呢？"

苏格拉底想了想，说道："今天回去后，你们做一件事吧，将自己的手前后甩动一百下，接下来的每一天都要这样，直到我说停为止。"说完，接下来的一周里他都没有再说过这件事情。一周后的一天，他问自己的学生们是否还在坚持，他发现，已经有10%的学生开始放弃了。他没有说什么，只是让剩下的人继续下去。一个月之后，再调查，原本的学生只剩下了一半。他还是没有说什么，让剩下的人继续……一年过去后，当苏格拉底再问曾经甩手的学生们，只剩下一个人还在坚持了，他就是柏拉图。

苏格拉底被很多人看作是智者，认为他无所不能，所以他的手下有很多学生，然而，最终能够和他齐名的学生就只有柏拉图而已。难道这是能力的区别吗？当然不是，能力随着人们的成长是可以不断培养的。通过故事我们就可以看出，柏拉图之所以能够成长为一个世界级的学者，是因为他有足够的坚持。

坚持是一种不轻易放弃的"恒心"与"决心"。在开始的时候，每个人都能信誓旦旦地保证自己能够坚持到最后，但是时间是最能消磨人的东西，外部环境千变万化，大部分人都无法在变化的环境中一如既往地坚持。但是若想成功，就必须具备在任何环境中都能耐得住寂寞，耐得住痛苦的能力。也只有自己把控自己，才会不管世界如何变迁，一直坚持自己的步伐，最终走向成功。

如果你是一个内心坚定的人，那么你在乎的不会是前方到底还有多少未知的困难，也不会在意自己还要坚持多长时间，你只会在意自己是否还在坚持。

一次，英国首相丘吉尔被邀请到一个大学进行演讲，而演讲的主题是有关成功的。在演讲的当天，人们将礼堂围得水泄不通。因为有太多的人渴望能从中汲取到成功的经验。

在演讲之前，全场掌声雷动。掌声过后，人们都翘首以盼。丘吉尔缓缓走向演讲台，慢慢地说："成功的秘诀有三个……"说到这里便沉默了。场下异常安静，人们纷纷准备记录，看看丘吉尔能够说出什么富含哲理的惊人语句。"第一个，绝不放弃。"话语坚定有力、简练精当，人们在兴奋中静听下文。丘吉尔接着用缓缓的语调说："第二个，是绝不、绝不放弃！"全场在期待着，不知道丘吉尔葫芦里卖什么药。"第三个，是绝不、绝不、绝不放弃！"丘吉尔大声地说着。这几句话说完以后，丘吉尔穿上大衣戴上帽子离开了礼堂。整个礼堂异常的安静，一分钟后，突然掌声雷动。

很多人经常感到不解，为什么很多资质平平、看上去并不聪明的人，最后却取得了成功。其实，原因很简单：那些看似愚钝的人有一种顽强的毅力，一种在任何情况下都心如磐石的决心，他们很少受周围环境的诱惑，也不偏离自己最初的成长轨道。

　　这个世界有时候很吵闹，能够在这样的环境中静下心来，专注于某一项事业，内心不受其他欲望和诱惑的摆布，不断坚持自己所做的事情，即便遇到种种困难，也坚持绝不放弃，最终才能成就一番大事业。最终你一定会发现，自己已经蜕变成了理想中的样子，拥有了自己所希望的人生。

没有人能够一步登天，只有一点点地向前

无论做什么事情都要有一个循序渐进的过程，质变的飞跃离不开量变的累积。成功是一个无比漫长的过程，卓越者之所以成功，平庸者之所以失败，往往不单单是个人能力的高低，更在于耐心和坚持。成功者往往坚持每天进步一点点——今天比昨天进步，明天比今天进步一点点。

每天进步一点点，听起来好像没有冲天的气魄，没有诱人的硕果，没有轰动的声势，可今天进步一点点，明天也进步一点点，持之以恒，坚持不懈，积少成多，其力量不能小觑。

美国颇负盛名，被称为"传奇教练"的篮球教练约翰·伍登，就是坚持以"每天进步一点点"这个执教之道，引导了自己和队员们积极向上的精神面貌，从而实现了从平庸到卓越的完美蜕变。

加州大学洛杉矶分校以年薪120万美金聘请了伍登，他们希望伍登能够通过高明的训练方法，帮助队员们提升战绩。但是，伍登来到球队之后，却没有什么独特的训练方法，而是对12个球员这样说道——"我的训练方法和上任教练一样，但是我只有一个要求，你们可不可以每天罚篮进步一点点，传球进步一点点，抢断进步一点点，篮板进步一点点，远投进步一点点，每个方面都能进步一点点？只要进步一点点，我就会为你们鼓掌。"球员们一听："才1%，太容易了！"

天啊！这是什么训练方法，负责人在心里偷偷捏了一把汗。不过，很快他就改变了自己的态度，开始佩服起伍登来。因为在新季度的比赛中，加州大学洛杉矶分校打败了其他球队，取得了夸张的

八十八场连胜，七次蝉联全国总冠军。

有记者采访伍登时，问道："伍登教练，你被大家公认为有史以来最称职的篮球教练之一，请问，你是如何做到的？"

"很简单"，伍登愉快地回答："每天我在睡觉以前，都会提起精神告诉自己：我今天的表现非常好，而且明天的表现会更好。这样不断地对自己进行肯定，自然就能越做越好。我想，队员们和我一样。"

"就这么简单吗？"记者有些不敢相信。

伍登坚定地回答："听起来很简单，但是又不简单。要知道，这句话我可是坚持了二十年之久！重点是和简短与否没关系，关键是在于你有没有持续去做，如果无法持之以恒，就算是长篇大论也没有帮助。"

……

每天进步一点点，让伍登带领自己的球队取得了一次次的胜利。同样，面对工作和生活中的种种挑战，我们都不能寄希望于自己能一步登天，而应该牢记"每天进步1%"的理念，每天问问自己："今天，我又学到了什么？""今天有没有进步和提高？""今天哪里可以做得更好？"……坚持踏踏实实地前进，坚持每天都学习，每天都进步，那么日积月累之后的效果将是惊人的。

没有人能够一步登天，只有一点点地向前。比起实际行动，"决心"这个前提显得尤为重要。如果没有一颗必胜的决心，那么就很难在以后的日子里坚持下去。

克林斯曼是德国足球队的主力前锋，他是一直深受广大观众喜欢的球星之一，被称为"金色轰炸机"。当记者采访他是如何能够保持状态并一直取得成功时，他很感慨地说："我不是天赋异禀的球员，论天赋，我不如马拉多纳；论身体，我不如贝利。不过这些都不重要，因为我有一颗上进的心，每次比赛后，我总会问自己还能踢得更好些吗？或是哪些地方是我的不足？……"

相信一点：你能在现有的基础上做得更好。

王小莉身材瘦小，貌不惊人，而且文化只有大专水平，却有幸在一家较有名气的外资企业任文员。刚进公司那段日子是最难熬的，老板只把王小莉当成个只会干杂事的小职员，不停地派些七零八碎的事情让她做，从来没有表扬过她。王小莉自知自己学历低、经验少，但她不允许自己的人生就这样"惨淡"，于是除了把工作做得周到细致外，她不断地学习，只要有空就认真翻阅琢磨自己所能见到的各种文件，她坚定地相信："只要我每天多学习一项业务，我就是好样的，有一点进步就是胜利。"

王小莉就这样不断地激励自己，一年后她对公司的业务可以说了如指掌，她的自信心也强大起来了，这为她进入通畅的良性工作循环做了坚实的准备。

王小莉的自信和专业，让老板刮目相看，不久就提拔她做了秘书，负责公司的日常事务。秘书工作需要协调各组的资源，帮助老板处理很多问题，还有很多事情要学，这一切都是她之前没有接触过的，怎么办呢？于是，王小莉又报考了职业培训班，风雨不误，她每天都会鼓励自己："今天我又学到了新知识，我是好样的，我会越来越棒的，我也相信我的职场之路会越走越宽广的。"

事实上，不断进步的过程就是一个不断肯定自我的过程。今天进步一点点，明天也进步一点点，不断对自己进行肯定，你就能积累一种超凡的技巧与能力，获得强大的内心力量，获得更多的资源和平台，从而进入卓越者的行列。

成功不是偶然的，是要付出努力的。恰如烧水，99℃的热水和100℃的开水就不一样。只差1℃也是没开，这不是因为天气太冷，而是火候未到。没有成功，一定是累积的量不够，没有量的变化哪有质的飞跃？

　　人生是一个追求比昨天更卓越的过程，若想成为优秀的人、卓越的人，你就要牢记"只要努力就值得肯定，有一点进步就是胜利！"的理念，哪怕是1%的进步也要肯定自己。坚持下去，不仅能彰显自己积极进取的美德，而且能积累一种超凡的技巧与能力，使自己具有更强大的生存能力。

活好每一天，就是活好一辈子

生活的精彩之处，就在于没人知道第二天会发生什么事。明天等待自己的可能是温暖的阳光，也可能是会是狂风暴雨。至于明天会发生些什么，那是未来的事情，现在的你必须知道。运气是上天安排的，你只要按照自己的步调过好每一天就够了。

庄子有过一段困苦的日子，最困难的时候甚至没米下锅。一天，他实在是饿坏了，便到专门管水利的监河侯那里去借小米。监河侯当时正在忙着收租，听了庄子的请求后，他这样说："我现在正在收租，你等我把所有的租金收齐，就借你300两金子。"

庄子听后笑了笑，给监河侯讲了一个故事："昨天，我经过这条路的时候，突然听到有人叫我的名字，四下寻找半天，才在一个车轮印里找到源头，是一只小鲋鱼。它请求我给它一些水，有了水它就能活命。我说这不是问题，只是我现在身上没水，所以要先到吴越去，和越王请求开通西江，将水引到这条路上来，这样它就能回到大海了。听我这样说后，小鲋鱼告诉我，如果我这样做了，只能等水调来后，去卖鱼干的铺子去找它了。"

故事讲完，庄子就离开了。

人生当中有时需要等待，但并不是天天都在等待。每天等待着明天的到来，这样的日子便是荒废，便是虚度。当没有明天可等的时候，才发现回忆是那么空。成功靠积累，人生也需要积累，在获得幸福、达成目标之前的每一天都可以看作是一种积累。

活在当下才是最重要的，人的精力是有限的，你没有那么多的精力计划好未来的每一天，因为未来谁也不知道是什么走向。你所要做的就是过好今天，过好眼前的日子，一天过去后有充实感，不会后悔，才是完美的。这样的日子累积到一起，才是最充实的人生。

在课堂上，老教授用玻璃杯倒了一杯水，放在讲桌上，问学生："你们觉得我倒这杯水有什么事呢？"

"想让我们目测一下这杯水的重量？"一个学生试探着回答。

老教授接着问："那你们觉得这杯水有多重呢？"

"大概有200克吧！"

"水很重的，看起来怎么说也得有500克！"

"杯子这么小，装不下那么多水，我看最多也就200克！"

……

学生们讨论得非常激烈，可是最终仍旧没有一个定论。这时，一个学生提议用手端着杯子感受一下，大家都觉得这个主意很好，于是有个学生上台端起了杯子。

老教授看着学生的做法，笑了笑，问道："你猜到了吗？"

"我想我还需要再端一会儿才能猜出来。"学生认真地回答。

老教授没有再说什么，可是端了一会儿后这个学生也没能估算出重量来，弄得手臂发酸、发麻了。老教授让学生放下杯子，回到自己的座位上，然后端起杯子，一饮而尽。

学生们都感到很不可思议，老教授在学生们不解的目光中，说话了："人们为什么要倒水？倒水不过是因为口渴而已，这样简单的事情，却要弄得这样复杂。口渴了就要喝水，什么时候渴了，什么时候端起杯子。一直举着杯子，在想着其他的事情，根本的问题是解决不了的。"

其实我们人生中就有这样一个隐形的杯子，我们总是围绕着这个杯子想着各种各样的问题，实际上，我们不过只是需要这样一个容器而已。人生想远了才复杂，着眼于今天才不会有那么多的烦恼。

过去的事情就过去了，无从改变，明天的事情还是未知，无从计划。这样我们只需要过好今天，就能听到幸福在敲门。若是为了处处领先于别人而提前做明天的事情，那么最终自己只会付出更多的时间和精力。

在一个寺院里，有一个老和尚和一个小和尚，院子中有一棵苍天大树，秋天到了，这棵树每天都会落下一些枯叶。这时小和尚就有了一个工作——每天清扫院里的叶子。

为了白天来寺庙上香的人不会看到一片破败的景象，小和尚每天都要起早做这件事情。秋风瑟瑟，大早上清扫落叶实在是一件苦差事，尤其寒风一刮，扫好的叶子就会四散飞扬，弄得到处都是。

扫落叶每天都要花费小和尚很多时间，为了轻松一点，他绞尽脑汁的想尽各种办法。

一天，小和尚终于想到了一个不错的法子。第二天一早，他就按照自己的办法实施了。在扫地之前，他使劲摇晃大树，希望将所有容易脱落的叶子都摇下来，这样只清扫一次就可以一劳永逸了。这天，他干得比平常时间更久，也耗费了更多的体力，不过这也比平日里干得更起劲，只要想到明天可以不用扫落叶了，小和尚就像有用不完的力气一样。

可是让人想不到的是，这天晚上刮了一场大风，第二天小和尚到院子里一看，满地的落叶……

无论你今天怎么用力摇树，明天的落叶还是会飘下来。不管你今天为明天如何铺垫，明天都有明天的"落叶"，时间是不会提前的，所以很多事情也自然无法提前。明天如果有烦恼，你今天是无法解决的，每一天都有每一天的人生"功课"要交，努力做好今天的"功课"再说吧！

与其为了未知伤脑筋，还不如好好经营今天，也不枉费时间对我们的厚待。唯有认真地活在当下，才是真实的人生态度。

一辈子说长不长，说短也不短，关键在于你想怎样过。只注重眼前有时并非消极怠工，而是目标的细化。看着远处的高山，心中难免会有各种顾虑，只有看着脚下的路，才能让自己一步一个台阶不断攀高，直到走到人生巅峰！

我还年轻，一切归零，重新出发

敌人，一个让人一听就心生警惕的词语。你的敌人是谁？是工作上的竞争对手，还是爱情上的情敌？其实，我们最大的敌人不是别人，而是自己。正如拿破仑所说："我最大的敌人就是我自己。"究其根源，就是我们太把自己当回事了。

很多时候，我们烦躁，我们郁闷，我们焦虑不安，都是源于我们太在意自己，过于注重自己的感受，过于在意别人对自己的态度，过于在意手中所拥有的一切。这样，不仅自己心力交瘁，而且也很难有所成就。

在工作中，有人抱怨公司不把自己当个人；在生活中，又抱怨社会环境实在太差；家庭生活里，抱怨对方不够体谅自己，让自己过得很累……一声声的抱怨，毁掉了自己的快乐，也毁掉了身边的一切美好。

其实，不管挣了多少钱，嫁了多好的男人，或者娶了多好的老婆，这也不过是人生中的一个插曲罢了，没有人能够跟你牵手一起进坟墓，也没有什么身外之物能够跟你进坟墓。既然身边的一切都会消失，为什么还要给自己的心加上那么多包袱？懂得将自己的心归零，你才能清除心中的包袱，才能清除成功路上的绊脚石。

王亮是一所名牌大学的高材生。大学毕业后，他应聘进入一家外资企业，与他同时进来的人，各方面的硬件条件都没有他好，要么学历低，要么专业技能不强。对比之后，他觉得自己是公司的绩优股，可以在此大展拳脚。

抱有这种想法的王亮，每当领导让他做最基础的工作时，他就觉得自己被大材小用了。一次，主管让他做一份签约合同，他满心不情愿地去做，结果，他将进货价500写成了50。幸亏主管及时发现了这个错误，否则公司将会损失一大笔钱。事后，主管批评他，他不以为然地说："我又不是秘书，不擅长做这种事情。如果让我做有技术含量的事情，我肯定不会出错。"

王亮的态度让主管很不满意，直接将其打入"冷宫"。即便是复印文件的小事，主管也不让他做。没过多久，名牌大学的高材生王亮就辞职了，而和他同进公司的同事，有的升职，有的加薪。

故事中的王亮在职场上受挫，敌人不是别人，而是他自己。他将自己摆在了重要位置，认为自己是公司的天才，应该将最重要的工作交给他，而不是做小事。正是因为存有这种想法，才导致他最终出局。

想要获得什么，就要先付出什么。想要得到别人尊重，就要先尊重别人。事事以自我为中心，太把自己当回事，反而会竹篮打水一场空。学会放下自己，坦诚生活，才能真正赢得你想要的。

有一座寺院，大门的门楣上有两个醒目的大字——"放下"。一天，一位游客来此拜佛，不懂其中的含义，就向住持求教。住持没有直接解释其中的禅意，而是给他讲了一个故事。

佛陀在世时，有个名叫黑指的婆罗门拿了两瓶花献给佛陀，并请他开示佛法。佛陀说："放下。"黑指放下了左手的花瓶。

佛陀又说："放下。"黑指放下了右手的花瓶。佛陀还是重复那两个字："放下。"黑指非常不解："佛陀，我已经全放下了，你还叫我放下什么呢？"

佛陀说："我不是让你放下花瓶，而是让你放下六根、六尘、六识。当你把根尘都放下时，你就再也没有什么牵挂，就可以从生死的桎梏中解脱出来了。"

黑指恍然大悟。

世上最难放下的，不是名和利，而是"我"这个东西，我们很难将自己的位置放低。如果能将自我彻底放下，我们就能跳出去，如果从另一个角度看待事物，生活也会轻松很多。

萧伯纳，英国著名剧作家。有一天，他在公园散步，看到一个很漂亮的小姑娘。小姑娘穿着粉色的连衣裙，扎着两条辫子，非常招人喜欢。萧伯纳父爱爆发，和小姑娘一起玩了很长时间。

分别时，萧伯纳对小姑娘说："谢谢你，我今天玩得很开心。回家后，你别忘了告诉你妈妈，说你今天和著名的作家萧伯纳一起玩耍，他很开心。"

小姑娘沉默片刻，说道："我也很开心。回家之后，您也要告诉您妈妈，说您今天和一个普通的小姑娘一起玩，她很高兴。"

萧伯纳一时语塞，他一直觉得自己远近闻名，无人不知，谁能认识自己是一种荣耀。但是现在，小姑娘只把他当成了一个普通的玩伴。

事后，萧伯纳将这件事讲给朋友听，并且深有感触地说："一个人不论取得多大的成就，都不能骄傲自夸，对任何人都应该平等相待，永远谦虚。"

放下"我"是一种健康向上的积极心态，更是一种至高的人生境界和智慧。我们要学会将自己的心归零，别将自己的位置摆得太高，因为位置越低，向上发展的空间才越大。